L'ergonomie

QUE SAIS-JE ?

L'ergonomie

ANTOINE LAVILLE
Sous-directeur de Laboratoire
au Conservatoire National des Arts et Métiers

Deuxième édition mise à jour

18e mille

ISBN 2 13 036864 6

2e édition mise à jour : 2e trimestre 1981

108, Bd Saint-Germain, 75006 Paris

INTRODUCTION

Le terme d'Ergonomie est relativement récent : créé et utilisé pour la première fois par un Anglais, Murrel, il est adopté officiellement en 1949, lors de la création de la première société d'ergonomie, l'Ergonomic Research Society, où se réunirent des psychologues, des physiologistes et des ingénieurs anglais concernés par les problèmes de l'adaptation du travail à l'homme.

L'étymologie du mot Ergonomie détermine mal l'objet de cette discipline. On peut la définir brièvement comme le rassemblement des connaissances sur le fonctionnement de l'homme en activité, afin de les appliquer à la conception des tâches, des outils, des machines et des systèmes de production. L'ergonomie est née des besoins de la pratique : elle est liée à elle, car, sans application, elle n'a pas de raison d'être, mais elle s'appuie sur des données systématiques et utilise des méthodes scientifiques.

I. — Une histoire ancienne

Il n'y a pas encore une histoire proprement dite de l'ergonomie, une histoire identifiable. Si le rassemblement des connaissances concernant l'homme au travail a été fait de manière systématique depuis trente ans et a provoqué la naissance de cette discipline, il est sûr que l'application de connaissances parcellaires et empiriques aux problèmes du travail est très ancienne et l'on pourrait dire qu'elle remonte à la création des premiers outils. Ainsi les formes, les masses des marteaux sont bien fonction des caractéristiques de la matière travaillée (bois, pierre, fer...), de l'effet recherché (précision, force...), et sont dépendantes des caractéristiques des hommes qui les manient (dimension de la main, puissance musculaire mise en jeu, contrôle de la masse mise en mouvement...).

Les premières mesures et observations systématiques ont été faites, soit par des ingénieurs et organisateurs du travail, soit par des chercheurs, soit par des médecins (1).

1. **Les ingénieurs et organisateurs du travail** le font dans une perspective d'amélioration du rendement de l'homme au travail :

On peut citer Vauban au XVIIe siècle, Belidor au XVIIIe siècle qui tentent de mesurer la charge de travail physique journalière sur les lieux mêmes du travail. Ils suggèrent qu'une charge trop élevée entraîne l'épuisement et les maladies, et préconisent une meilleure organisation des tâches pour améliorer le rendement. Un peu plus tard, des ingénieurs comme Vaucanson, Jacquard mettront au point les premiers dispositifs automatiques qui suppriment quelques postes particulièrement pénibles : les tireurs de lac dans le tissage, par exemple. Puis viendront les organisateurs du travail, comme Taylor et ses précurseurs, qui analyseront le travail en vue de définir les conditions de rendements les plus élevés. Le modèle de fonctionnement de l'homme sur lequel ils s'appuieront est analogue à celui du fonctionnement d'une machine.

2. **Les chercheurs**, physiciens et physiologistes, s'intéressent à l'homme en activité, pour en comprendre le fonctionnement.

(1) Les éléments qui suivent sont tirés de *L'introduction à l'histoire de l'Ergonomie*, Dr Valentin, 1972 (*copedith* édit.).

Léonard de Vinci étudie les mouvements des segments corporels ; c'est le début de la biomécanique. Plus tard, Lavoisier découvre les premiers éléments de la physiologie respiratoire et la calorimétrie. Il fait les premières tentatives d'évaluation du coût du travail musculaire. Coulomb introduit la notion de durée de l'effort en critiquant les expériences et les observations qui ne durent que quelques minutes. Il étudie les rythmes de travail dans de nombreuses tâches et cherche à déterminer une charge optimale qui tienne compte des différentes conditions d'exécution du travail.

Au XIXe siècle, Chauveau définit les premières lois de la dépense énergétique dans le travail musculaire. Marey développe les techniques de mesure (capsules manométriques qui constituent les premiers cardiographes et pneumographes), et les techniques d'enregistrement (fusil photographique). Il étudie les mouvements, la marche. Enfin, Jules Amar, au début de ce siècle, donne les bases de l'ergonomie du travail physique en étudiant les différents types de contraction musculaire (dynamique et statique). Il s'intéresse aux problèmes de la fatigue, aux effets de l'environnement (température, bruit, éclairement). Il multiplie les systèmes d'enregistrement (lime et varlope enregistreuses). Il s'occupera également, pendant la première guerre mondiale, de la rééducation des blessés et de la conception des prothèses. Son livre, *Le moteur humain*, paru en 1914, est le premier ouvrage d'ergonomie puisqu'il décrit les méthodes de mesure et les techniques expérimentales, donne les bases physiologiques du travail musculaire, et les met en relation avec les activités professionnelles.

3. Les médecins se situent dans un courant hygiéniste de protection de la santé des ouvriers.

Dès le XVIIe siècle, Ramazzini, « véritable créateur de la médecine du travail », comme l'écrit le Dr Valentin, s'intéresse aux conséquences du travail : il décrit les premières maladies professionnelles dans une série de monographies touchant à des activités très diverses (troubles oculaires des gens qui fabriquent de petits objets, troubles dus aux mauvaises postures, au port de charges lourdes, surdité des chaudronniers de Venise...). Tissot, au XVIIIe siècle, s'intéresse aux problèmes de climatisation des locaux, mais aussi à l'organisation de la médecine et propose des services particuliers dans les hôpitaux pour soigner les maladies des artisans. Patissier, au début du XVIIIe siècle, développe les thèmes de Ramazzini et Tissot, et préconise déjà le rassemblement de données statistiques sur la mortalité et la morbidité par maladies et accidents dans la population ouvrière. Villermé, à la même époque, réalise des études statistiques, mène une importante enquête sur les conditions de travail dans de nombreuses usines de toutes les régions de France qui aboutit à un rapport publié en 1840 sur l'état physique et moral des ouvriers. Ce rapport est à l'origine des premières mesures légales de limitation de la durée de travail et de l'âge d'embauche pour les enfants.

II. — Le développement actuel

Dans la première moitié du XXe siècle, le progrès des connaissances en psychologie et en physiologie est considérable. Cependant les recherches concernant les problèmes du travail restent encore peu nombreuses. Au début du siècle, en Allemagne, aux Etats-Unis, puis en Angleterre, quelques psychologues créent les premiers instituts et centres de recherche orientés vers l'étude de ces problèmes.

Lahy, en France, participe à ce courant et effectue des recherches sur les conditions de travail de quelques professions. Mais la pression de l'environnement oriente la psychologie du travail vers des problèmes de sélection du personnel. A part quelques tentatives isolées, ce n'est qu'au milieu de ce siècle qu'elle va sortir du cadre de la psychologie différentielle pour développer des recherches sur l'activité de l'homme au travail. En France, Jules Amar, au début du siècle, crée le premier laboratoire de recherche sur le travail professionnel au Conservatoire national des Arts et Métiers, et la physiologie du travail trouve ainsi une structure pour se développer. Plus tard, les progrès de la neurophysiologie et de la psychophysiologie permettront d'étendre les recherches à des domaines autres que le travail musculaire.

Après sa naissance officielle, l'ergonomie tend à élargir ses bases scientifiques d'un côté vers la biométrie, la biochimie, la biomécanique, et de l'autre vers la psychologie sociale, la sociologie. Cette tendance pose alors le problème de ses limites, problème encore actuel aujourd'hui. Des bases scientifiques solides étaient nécessaires pour créer cette discipline, mais en même temps, d'autres éléments, liés à l'évolution des problèmes du travail, ont alors joué un rôle important.

1. **Les exigences techniques.** — La conception de machines complexes, leur utilisation dans des situations extrêmes obligent à tenir compte de plus en plus des modes de fonctionnement de l'homme. Ce problème s'est manifesté de manière brutale pendant la dernière guerre mondiale où de graves difficultés ont été rencontrées dans l'utilisation de matériel militaire complexe. Mais on peut actuellement en trouver encore de nombreux exemples :

L'augmentation de la vitesse des avions, les exigences de sécurité qui lui sont liées, imposent la conception d'un poste de commande adapté aux possibilités du pilote, d'autant que celui-ci, soumis à de longs trajets et à des décalages de fuseaux horaires, verra ses capacités de conduite se modifier ; la construction de systèmes de production entièrement automatisés, comme dans l'industrie chimique, crée des situations de travail où l'opérateur chargé du contrôle sera isolé, et devra suivre sur une série d'indicateurs la bonne marche du processus de fabrication ou intervenir rapidement dans le cas de rares incidents, et ceci, pendant de longues heures, de jour comme de nuit ; la miniaturisation de certaines fabrications, dans l'électronique en particulier, impose une précision extrême dans le travail qui ne peut se faire correctement que si la conception du poste respecte d'une manière presque parfaite les exigences physiologiques et psychologiques.

On constate, par ailleurs, que ces diverses activités de travail doivent s'exercer dans des environnements extrêmes ou artificiels : ainsi le développement d'activités dans des zones géographiques très chaudes ou très froides ; mais aussi et surtout, la multiplication de postes de travail où les opérateurs sont soumis à des bruits intenses, des vibrations, des conditions thermiques imposées par les techniques de fabrication (textile, industries alimentaires).

2. **Les exigences économiques.** — Le développement de moyens techniques de production s'accompagne d'une augmentation de la complexité des machines, mais aussi de leur coût ; une mauvaise utilisation, un incident dans leur manœuvre ne sont pas tolérés ; les nécessités techniques, mais aussi les pressions économiques poussent à leur utilisation en continu ; le travail en équipes alternantes et le travail de nuit touchent de plus en plus de travailleurs ; l'absentéisme, le *turn over* s'accroissent dans de nombreux secteurs industriels, entraînant un coût économique élevé pour la société.

3. **La pression sociale des travailleurs.** — Soumis à des conditions de travail qui ne sont pas sans risque pour leur santé, du fait de l'accélération des rythmes de production, de la parcellisation des tâches, de l'agression de l'environnement (bruits, poussières, vibrations), des décalages périodiques des horaires de travail, etc., les travailleurs tolèrent mal l'écart entre les efforts importants faits pour une industrialisation de plus en plus perfectionnée et les très rares actions réalisées pour changer les conditions de travail, sauf lorsqu'il s'agit d'augmenter la productivité. La notion d'amélioration des conditions de travail apparaît très tôt dans l'histoire du mouvement ouvrier ; elle ne se traduit, bien souvent, que par des revendications sur des mesures de protection (limitation de la durée de travail, protection contre les nuisances) qui sont les plus faciles à faire aboutir et à généraliser.

Cependant la résistance à subir des conditions de travail pénibles s'accroît dans les pays industrialisés, comme le montrent l'appel à la main-d'œuvre étrangère et la présence significative de cette population dans les emplois où les conditions de travail sont sévères (travail à la chaîne, bâtiment...).

Ces trois types de pression ont poussé à développer des recherches sur le fonctionnement de l'homme en activité et, en particulier, en activité professionnelle, et à rassembler les connaissances déjà acquises pour les rendre utilisables dans l'organisation et la conception des moyens de travail. Mais ils n'ont pas entraîné des applications identiques. L'utilisation des connaissances ergonomiques est liée aux objectifs des entreprises, des populations qui la composent et de la société dans laquelle elles se trouvent. Ces connaissances peuvent tout autant servir à accroître l'efficacité d'un système de production qu'à diminuer les charges de travail de l'opérateur. Ces objectifs sont assez souvent contradictoires et il est fréquent de constater que l'amélioration d'un poste de travail effectuée à partir de données ergonomiques n'est pas simultanément accompagnée d'une atténuation de la charge de travail pour l'ouvrier : un meilleur dispositif de commande d'une machine permettra de faire conduire deux de ces machines par un même opérateur. Le rendement est accru, mais le travail de l'ouvrier l'est aussi. C'est dans un certain cadre politique que l'ergonomie s'applique. Elle n'est pas en tant que telle une solution à l'amélioration des conditions de travail. Et c'est par les pressions sociales, et plus particulièrement des ouvriers et de leur syndicat, que des améliorations profondes ont été apportées dans la majorité des cas.

III. — Cadre de l'ergonomie

1. Définition. — L'ergonomie peut ainsi se définir comme « l'ensemble des connaissances scientifiques relatives à l'homme et nécessaires pour concevoir des outils, des machines et des dispositifs qui puissent être utilisés avec le maximum de confort, de sécurité et d'efficacité » (A. Wisner). Si l'ergonomie est d'abord une technologie, c'est-à-dire, dans ce cas, un corps de connaissances sur l'homme applicables à des problèmes posés par l'ensemble homme-tâche, elle a néanmoins des méthodes spécifiques d'étude et de recherche sur la réalité de l'homme au travail, qui définissent un mode de pensée qui lui est propre ; elle pose des questions aux diverses sciences sur lesquelles elle s'appuie (principalement la physiologie et la psychologie), et suscite des recherches dans le domaine de l'homme en activité.

L'ergonomie peut être considérée comme un ensemble de connaissances interdisciplinaires.

La psychologie et la physiologie sont les deux principales sciences sur lesquelles elle a pris racine et sur lesquelles en particulier elle continue de se bâtir. Mais le fonctionnement de l'homme au travail est d'une grande complexité et l'ergonomie a élargi progressivement le champ de ses bases scientifiques : ainsi, elle fait appel à des connaissances acquises dans des secteurs aussi différents que l'anthropologie et la sociologie pour établir ses règles d'application. Il y a là d'ailleurs un risque important : faute de limites, cette discipline serait amenée à disparaître. Cependant, si l'ergonomie garde son objectif principal, c'est-à-dire la conception des situations et des outils de travail, en accord avec le fonctionnement de l'homme, elle est alors directement identifiable.

Comme l'écrit Mme S. Pacaud :

« Est vrai pour l'ergonomie ce qui est vrai pour toute science interdisciplinaire : ce n'est guère la matière qui les rend autonomes, c'est l'objectif. C'est lui qui oriente et guide les recherches, celles de caractère appliqué comme celles de caractère fondamental. » L'objectif des recherches en ergonomie est « l'étude des échanges régulatifs entre l'environnement professionnel et le travailleur ».

2. **Les disciplines voisines.** — Ces objectifs différencient bien l'ergonomie des disciplines telles que l'organisation du travail ou la sécurité du travail. L'objectif de l'organisation du travail est de concevoir les systèmes de « production » les plus efficaces d'un point de vue économique, technique et social. L'homme n'est qu'un des éléments pris en compte, et son activité est directement subordonnée à l'efficacité de l'ensemble du système. Pour la médecine du travail, l'objectif prioritaire est la défense de la santé du travailleur, la conservation de son intégrité physique et mentale. Elle se place d'abord sur un plan préventif, et n'a de lien avec la technologie qu'au niveau de l'examen critique du dispositif de production. La sécurité du travail se place, elle, au niveau technologique afin de réaliser son propre objectif : conservation de l'intégrité physique du travailleur.

Cette différenciation correspond à une réalité française. Elle peut évoluer, et les échanges entre ces disciplines sont d'ailleurs nombreux. On peut constater que certains médecins du travail, des agents et ingénieurs de sécurité, des organisateurs du travail ont parfois des activités spécifiquement ergonomiques. Dans d'autres pays, au niveau de la pratique, les différenciations ne sont pas les mêmes. Chacun des deux aspects : technologie de la conception des moyens de production adaptés au fonctionnement de l'homme et hygiène industrielle pour la protection de la santé physique et psychique des travailleurs, peut avoir une importance différente.

3. **Les utilisateurs.** — Dans la pratique actuelle, les connaissances sur l'homme au travail sont utilisées par des ingénieurs pour la conception ou la correction des moyens de production et des produits, par les organisateurs du travail dans l'organisation des systèmes de production où l'homme intervient, par les services de l'hygiène et de sécurité dans l'établissement des normes et des limites à ne pas dépasser sans risques pour la santé des travailleurs, par les services du personnel dans leur rôle de formation, par les syndicalistes dans leur rôle de défense des conditions de travail. Cependant, en dehors du cadre strict de l'entreprise, certaines données ergonomiques sont utilisées par des architectes dans la conception des locaux de travail (ateliers, bureaux, locaux commerciaux, logements...), par des *designers*, des formateurs à un métier ou à une tâche, par des rééducateurs.

4. **Les différents types d'ergonomie.** — On distingue habituellement une ergonomie de correction et une ergonomie de conception. La première tend à améliorer les situations de travail existantes, et elle est bien souvent parcellaire (modification d'un des éléments du poste : éclairage, dimensions), limitée dans son efficacité, et coûteuse sur le plan économique, car l'insonorisation, par exemple, d'une machine déjà fabriquée est plus difficile à faire, moins efficace et plus coûteuse que lorsque la

machine est encore à l'état de projet. L'ergonomie de conception, au contraire, tend à faire intervenir les connaissances sur l'homme dès le projet du poste, de l'outil, de la machine ou des systèmes de production.

D'autres différenciations sont faites : ergonomie des moyens de production, c'est-à-dire des composants du travail, et ergonomie du produit. Dans ce dernier cas il s'agit de concevoir l'objet fabriqué en tenant compte des données ergonomiques correspondant à la population des utiliseurs (voitures, appareils électroménagers, etc.).

Des questions commencent d'ailleurs à se poser à un autre niveau : comment concevoir un produit, un objet qui puisse être fabriqué en tenant compte des données ergonomiques des postes de travail, c'est-à-dire penser l'objet à fabriquer non pas seulement avec des contraintes techniques, économiques, commerciales, mais des contraintes ergonomiques de fabrication.

On peut enfin distinguer une ergonomie de protection de l'homme au travail, pour éviter la fatigue, l'usure prématurée, les accidents..., et une ergonomie de développement qui permettra la conception des tâches de manière à accroître les capacités et la compétence des opérateurs.

Ainsi, les problèmes posés par le vieillissement des aptitudes et des capacités de l'homme au travail peuvent être étudiés dans la seule perspective de l'homme vieillissant au travail : quelles sont les conditions dans lesquelles le travailleur âgé peut continuer à assumer sa tâche sans fatigue ni accélération des processus de vieillissement ? Ils peuvent être étudiés dans une perspective dynamique : quelles sont les conditions dans lesquelles le travailleur âgé peut faire progresser ses compétences ? On aboutit dans le premier cas à des recommandations ergonomiques qui permettent le maintien au poste au cours de la vie professionnelle (dimensions du poste, limites des efforts physiques, limites du rythme de travail, système d'aide aux travailleurs...). Dans le second cas, on tend à préconiser une conception du contenu du travail, tel qu'il permette d'augmenter la capacité professionnelle du travailleur avec l'âge.

Il est certain que cette dernière perspective ne peut être réalisée si, déjà, les conditions du maintien au poste ne sont pas respectées.

IV. — L'ergonomie dans le monde

Les approches ergonomiques du travail sont anciennes dans l'Europe occidentale, mais c'est aux Anglais que l'on doit l'origine à la fois du terme, mais aussi du contenu de l'ergonomie en tant que discipline autonome. En France, elle s'est surtout développée dans les secteurs de recherche et d'enseignement public (Conservatoire National des Arts et Métiers, Centre National de la Recherche Scientifique, Ecole Pratique des Hautes Etudes), puis elle a progressivement atteint les secteurs industriels nationalisés (Régie Renault, Charbonnages de France) et commence à pénétrer dans le secteur privé. En Angleterre, l'enseignement et la recherche se sont moins localisés, à l'origine, dans le secteur public ; de même en Belgique, en Suisse, en Hollande et dans les pays nordiques où les centres d'ergonomie sont nombreux et vivants. L'aspect de l'hygiène industrielle est un élément important dans tous ces pays, et ce sont les problèmes industriels qui fournissent les champs d'application et les thèmes de recherche. Aux Etats-Unis, l'ergonomie s'est développée surtout dans le domaine de la technologie de l'homme au travail. Ainsi s'est créé un courant de recherche et d'application qu'on nomme habituellement *Human Engineering* et qui a trouvé de nombreux développements dans le domaine militaire, puis spatial.

En Europe socialiste, l'ergonomie s'est implantée avec un certain retard. Mais son développement rapide fait qu'elle a un rôle important dans l'établissement des connaissances et dans leur passage à l'application.

L'ergonomie est liée à la fois aux progrès des connaissances scientifiques et à l'évolution des problèmes du travail : pendant longtemps, le travail musculaire a focalisé recherches et applications. Le développement de la psychologie expérimentale et de la neurophysiologie, mais aussi les problèmes posés par les tâches où est exigée une activité mentale importante et complexe, ont élargi les aspects ergonomiques issus de la psychophysiologie et de la psychologie du travail. Elle est liée de même aux objectifs de ceux qui la pratiquent : l'importance accordée aux questions d'application a entraîné le développement de l'*human engineering*, stricte technologie des moyens de travail.

Chapitre Premier

PRINCIPAUX ÉLÉMENTS DU TRAVAIL

On peut représenter l'activité de l'homme au travail par un modèle simple qui décrit les relations qu'établit un opérateur avec sa tâche.

Les matériaux, les outils, les machines constituent des sources d'information pour l'opérateur : celui-ci les détecte par ses organes sensoriels, principalement la vue, l'audition, le toucher, les traite, et décide alors d'une action qui modifie l'état premier de ces éléments matériels. Le changement devient lui-même source de nouvelles informations qui seront détectées et traitées par l'opérateur. Il s'établit ainsi une succession d'émissions de signaux et de réponses entre les composants de la tâche et l'homme effectuant le travail.

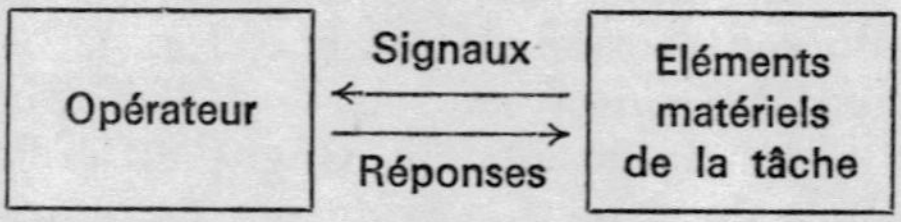

Fig. 1. — Modèle simple de système homme-tâche

Un opérateur lit sur un cadran — source d'information — la vitesse de rotation des moteurs de sa machine. Il juge cette vitesse trop élevée et agit sur une commande de frein : le ralentissement provoqué est à nouveau détecté et l'ajustement à une vitesse correcte se fait progressivement par alternance de prises et traitement d'information et d'actions.

Ce schéma, qui peut s'appliquer à la grande majorité des postes de travail, montre déjà que l'opérateur et la tâche ne peuvent être dissociés et doivent être étudiés ensemble.

Le modèle a été enrichi en détaillant les diverses sources d'informations possibles, les opérations mentales effectuées et les actions produites.

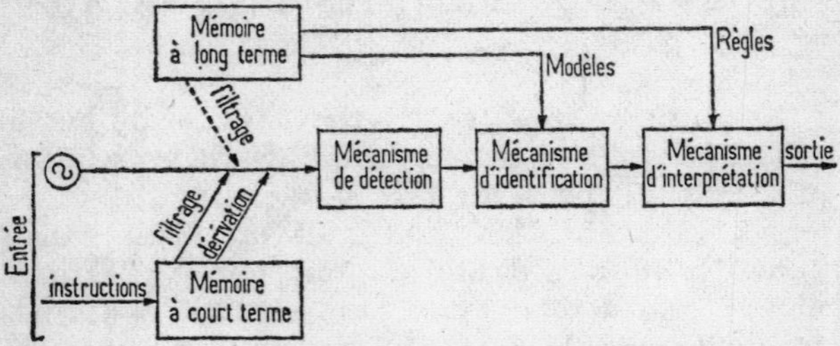

Fig. 2. — Modèle des différentes fonctions mentales mises en jeu par un opérateur dans l'exécution d'une tâche (d'après GAGNÉ, 1962).

Les informations proviennent de la tâche et de son environnement et sont captées par les organes sensoriels. Mais elles proviennent également de l'organisme et renseignent l'opérateur sur son propre état (emplacement de ses segments corporels, niveau de contraction de ses muscles...). Les fonctions mentales mises en jeu sont très diverses : dans le cadre de ce modèle, Gagné différencie des mécanismes de détection (rôle des capteurs sensoriels), d'identification (distinguer ce qui est information utile de ce qui ne l'est pas), et d'interprétation (donner une signification à ces informations). Il introduit également le rôle de la mémoire (consignes, expériences passées). La décision prise après ces différentes opérations mentales peut se manifester de plusieurs manières : mouvement, effort, ordre, attente... Ainsi l'activité mentale prépare et commande l'activité physique. Mais ces deux types d'activité sont liés l'un à l'autre : un traitement d'information insuffisant provoque un acte moteur non approprié qui oblige à de nouvelles opérations mentales. Selon les cas, c'est soit l'activité physique qui prédomine, soit l'activité mentale.

Ces différentes activités de l'homme forment les composantes de la charge de travail, notion discutée, mais importante en ergonomie. Sperandio la définit comme « une mesure quantitative ou qualitative du niveau d'activité (mentale, sensori-motrice, physiologique...), de l'opérateur, nécessaire à l'accomplissement d'un travail donné » ; elle est à distinguer des exigences de la tâche, c'est-à-dire de la quantité et de la qualité du travail et des contraintes qui sont imposées. De nombreux facteurs viennent influencer ces relations entre l'homme et sa tâche et modifier la charge de travail ; les uns constitueront le champ d'action de l'ergonomie :

— les caractéristiques matérielles du travail que sont les sources d'information, mais aussi le poids des outils, la résistance des commandes, la dimension du poste de travail ;
— l'environnement physique (bruit, éclairage, vibrations, ambiance thermique) ;
— la durée, les horaires, les cadences de travail ;
— le mode d'apprentissage, les consignes données.

Les autres, tels que le sexe, l'âge, l'état de santé, l'expérience acquise, seront pris en compte au moment de l'action ergonomique.

D'autres, enfin, peuvent être cités : les relations avec les camarades, les chefs, par exemple, mais ils sortent du cadre de l'ergonomie ou en sont à la limite.

Tous ces éléments, qui composent la situation de travail, ne peuvent être étudiés isolément dans la pratique ; ils interfèrent les uns sur les autres, et les règles ergonomiques ne peuvent s'appliquer sans tenir compte des différents facteurs ; pour la clarté de l'exposé, on traitera chacun d'eux séparément. Les différents chapitres qui suivent seront consacrés autant aux principales données ergonomiques qu'aux méthodes d'analyse et de mesure, et aux différents critères de charge à retenir.

CHAPITRE II

ÉLÉMENTS DU TRAVAIL MENTAL

L'activité physique dans le travail apparaît immédiatement à l'observateur, même non averti. L'activité sensorielle et mentale n'est pas apparente ; or, dans pratiquement toutes les tâches, même les plus simples, cette activité existe, plus ou moins importante, plus ou moins complexe. La psychophysiologie et la psychologie du travail ont apporté à l'ergonomie des modèles explicatifs des relations que l'opérateur établit avec sa tâche et des méthodes d'analyse.

I. — Première analyse d'une activité

On peut décomposer l'activité d'un opérateur en cherchant ce qu'il doit faire pour réaliser sa tâche ; le travail d'un chauffeur livreur peut être pris comme exemple :

Il doit organiser l'itinéraire de livraison en fonction de critères tels que durée et distance des parcours, état des routes, de son véhicule, caractéristiques de sa charge. Il s'agit d'établir cet itinéraire à partir de données connues ou estimées.

Il doit déterminer, une fois en marche, la vitesse de son véhicule, et sa direction, en tenant compte des signaux, des autres véhicules, des caractéristiques de la route, donc prendre et interpréter de façon continue des informations sur l'environnement.

Il doit manœuvrer des commandes, maintenir une posture compatible avec la prise d'information (position des yeux), et l'action sur le volant et les pédales.

Cette analyse grossière montre que le chauffeur :

— prend des informations sur l'environnement, et en tire de sa mémoire ou de documents ;
— traite ces informations pour réguler de manière incessante son activité à un environnement qui change, pour élaborer une stratégie quant à son itinéraire.

Aussi Faverge distingue-t-il une ergonomie informationnelle qui recouvre les problèmes de présentation de l'information et une ergonomie des processus mentaux qui étudie la façon dont les opérateurs résolvent les problèmes posés par leur travail, et dont le champ d'action est la détermination des stratégies efficaces et économiques pour l'opérateur, ainsi que les moyens matériels à mettre en œuvre pour les élaborer et les réaliser et les méthodes d'apprentissage. Il ajoute une ergonomie des systèmes qui concerne les processus de régulation et d'intervention entre dispositif(s) et opérateur(s) et qui a pour champ d'application la définition des fonctions de ces composants et le choix des moyens pour les respecter.

II. — L'analyse du travail

L'analyse du travail, développée par Ombredane et Faverge, a pour objet l'analyse des exigences et des conditions réelles de la tâche, et l'analyse des fonctions effectivement mises en jeu pour la réaliser. Elle cherche à quantifier les variables retenues pour en mesurer l'importance et le degré de certitude à l'aide de techniques statistiques. Elle s'appuie sur des modèles explicatifs et des connaissances scientifiques quant aux fonctions mises en jeu, pour donner une explication aux résultats obtenus. Elle utilise des techniques de mesure et d'observation diverses qui sont choisies en fonction de la situation et des variables retenues. Elle a comme utilité de faire apparaître les causes de dysfonctionnement entre l'opérateur et sa tâche, et d'orienter des mesures de charge de travail.

En tentant de répondre à ces deux questions : quel est le travail à faire, et comment le travailleur le fait-il ?, on sort du langage des aptitudes qui n'aboutit qu'à définir les qualités requises chez l'opérateur pour exécuter le travail, et n'apporte aucune information sur les conditions matérielles à réaliser pour l'exécuter. Car les termes d'effort, de jugement, d'attention, de coup d'œil énoncent ce que l'opérateur doit faire, et non ce qu'il fait réellement, et n'oriente l'action que vers la sélection.

1. **Quelques techniques d'analyse du travail.** — La décomposition des tâches en catégories d'opérations aide parfois à une première approche : approvisionnement, réglage, dépannage, contrôle définissent déjà quelques fonctions spécifiques mises en jeu par les opérateurs ; la description séquentielle de ces opérations, la mesure de leur durée la complètent ; mais cette analyse reste grossière, la catégorisation est souvent arbitraire et ne recouvre pas les composantes de l'activité de l'opérateur, ni ne met en évidence le chevauchement des opérations puisqu'elle postule leur indépendance.

Les techniques d'analyse gestuelle (type de geste, séquence, durée) se rapprochent des techniques utilisées en organisation du travail. Elles sont utiles si on en connaît les limites : l'étude du geste ne renseigne que très incomplètement sur les activités mentales qui le commandent. Chaque geste élémentaire est dépendant de celui qui le précède et de celui qui le suit, il ne peut être isolé d'un ensemble : ce sont les variations de ces gestes, de leur durée qui seront retenues comme indices de difficulté.

2. **Analyse des informations utilisées.** — Il s'agit d'objectiver les informations présentées à l'opérateur, celles qu'il utilise, et pourquoi il les utilise, l'ordre dans lequel il les prend, et les difficultés rencontrées.

Les signaux formels, c'est-à-dire ceux qui sont donnés de manière claire, volontaire, par l'intermédiaire de cadrans, d'instruments, de consignes et d'instructions sont faciles à reconnaître et leur organisation spatiale et temporelle peut être analysée. Plus difficiles à mettre en évidence sont les signaux informels. Il sont appris par l'opérateur au cours de son apprentissage, de son expérience. Bien souvent, ils sont inconscients et ne peuvent être exprimés par l'ouvrier lui-même : ce sont, par exemple, la brillance d'une soudure, la couleur d'une flamme, le bruit d'une machine, l'aspect d'un tissu, d'un fil, etc. Leur nombre et leur variété sont considérables. Mais ce sont ces signaux qui doivent être reconnus car ils permettent l'exécution correcte d'une tâche et doivent être appris par l'opérateur.

Les techniques pour leur mise en évidence sont diverses : interview de l'ouvrier, observation des activités de l'opérateur en cours d'apprentissage et en cours de travail, analyse des erreurs et des incidents, observation des mouvements des yeux, des directions de regards, modifications contrôlées de la tâche et effets produits, etc. Cette analyse en termes de prise d'information est l'approche préalable à l'analyse du processus de traitement des informations.

3. **Analyse du processus de traitement des informations.** — Elle consiste à déterminer les objectifs

que se donne l'opérateur et les moyens qu'il utilise pour les réaliser.

Il peut s'agir de maintenir une production, un état du système de fabrication malgré les variations des composantes de la tâche et celles de l'opérateur lui-même (fatigue, niveau d'éveil...), ou bien de résoudre un problème déterminé : montage d'un ensemble d'éléments, détermination d'un trajet...

Les analyses des activités gestuelles et des prises d'information sont déjà des éléments importants pour décrire, ensuite, les stratégies utilisées, l'ordre dans lequel les problèmes sont posés, les manières dont ils sont résolus.

D'autres analyses peuvent être faites :

— Analyse en termes spatiaux : quelles sont les liaisons que l'opérateur établit avec ses outils, ses matériaux, ses machines, ou avec d'autres opérateurs ?

— Analyse en termes temporels : séquence des choix successifs (arbre de décision par exemple), séquence des liaisons entre opérateur et éléments de la tâche, séquence des différents facteurs qui influencent ou perturbent le déroulement de la tâche et les décisions à prendre.

— Analyse des écarts par rapport au déroulement « normal » de la tâche, et des actes de rattrapage.

— Analyse de l'image opératoire que se fait le travailleur de sa tâche, du fonctionnement de ses outils, du processus qu'il contrôle.

Cette notion, développée par Ochanine, est très importante pour comprendre les stratégies utilisées : ainsi la représentation qu'on se fait du fonctionnement d'une machine est étroitement dépendante du rôle que l'on a, et diffère pour l'ingénieur qui la conçoit, pour l'ouvrier qui la conduit, et pour celui qui la répare et l'entretient.

Dans ce cadre, l'analyse des erreurs, des oublis, des incidents, est essentielle : types, fréquences, mais surtout conditions d'apparition. Leurs causes

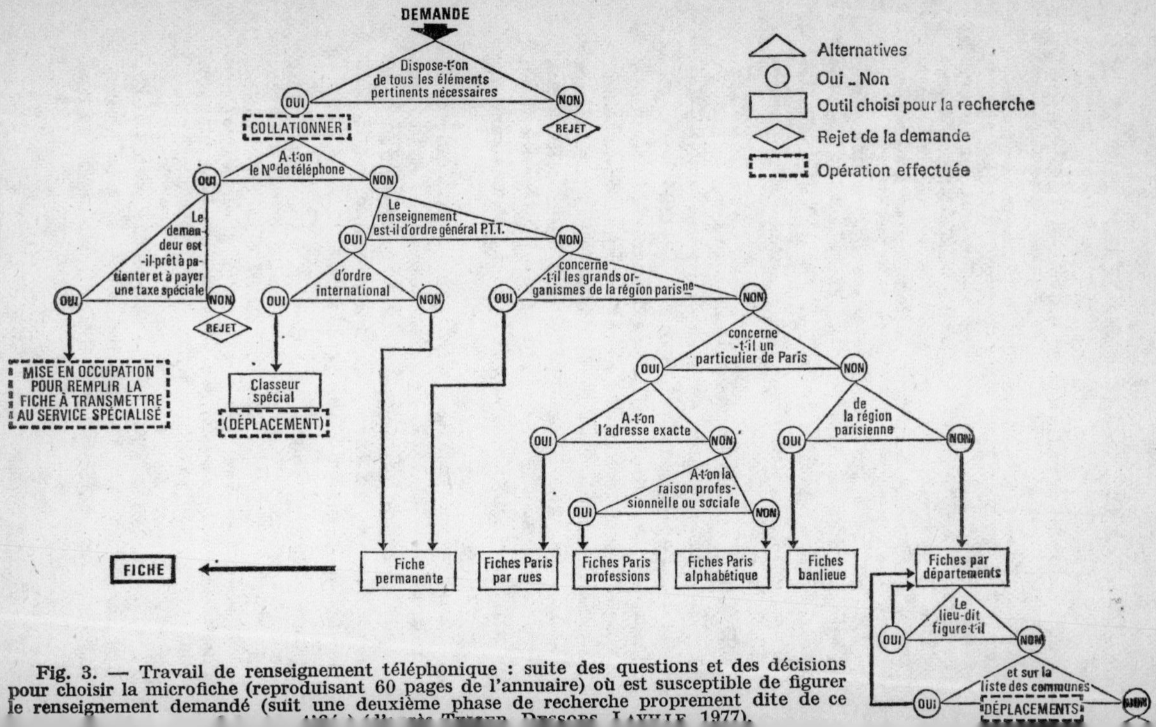

Fig. 3. — Travail de renseignement téléphonique : suite des questions et des décisions pour choisir la microfiche (reproduisant 60 pages de l'annuaire) où est susceptible de figurer le renseignement demandé (suit une deuxième phase de recherche proprement dite de ce ... 1977).

sont recherchées dans une insuffisance, une absence, ou une ambiguïté des informations présentées, dans des moyens d'action non appropriés ou dans l'insuffisance des consignes ou de l'apprentissage.

4. **Interprétation des résultats.** — Situer les résultats de l'analyse du travail dans un cadre interprétatif signifie, dans la pratique, qu'on attribue à l'homme une fonction : fonction de détection et traitement d'information, fonction de régulation d'un système de production :

La fonction du travailleur est alors définie comme une fonction qui prévient les incidents, les répare quand ils surviennent, qui régule en fait l'écart entre par exemple le fonctionnement théorique d'une machine et son fonctionnement réel. La fonction de l'homme au travail s'insère alors dans ce qu'on a nommé pendant longtemps, le système Homme-Machine, et auquel on substitue progressivement le système Homme-Tâche. Un des risques, alors, est de dériver les objectifs de l'ergonomie en privilégiant un des deux termes du système : machine ou tâche, ou bien en rendant équivalent l'élément Homme à l'élément machine ou tâche. Dans ce cas, on privilégie l'objectif premier du système : le rendement, on assimile l'Homme à un élément de même nature que la machine.

Ces modèles ne sont pas inutiles à l'interprétation. Il est cependant nécessaire de les nuancer en y introduisant le coût du travail pour celui qui l'exécute : coût physiologique, psychique à court et à long terme.

III. — Applications

Pour illustrer le type de connaissances déjà organisées qui est rassemblé en ergonomie, on peut prendre l'exemple du problème posé par la présentation d'informations à un opérateur. Il reste que pour le choix approprié de l'information il est nécessaire d'appliquer une démarche analytique pour bien repérer le problème posé, phase indispensable et préalable à tout choix.

De nombreuses données existent en ce qui concerne les problèmes de présentation des informations : ainsi, pour les cadrans, les indicateurs, la littérature est abondante sur la hauteur, la largeur, l'épaisseur des graduations, des chiffres, des lettres, des aiguilles. Beaucoup sont parcellaires, établies de manière très empirique ou à partir d'expériences étroites dont le seul critère retenu est la performance (quantité et qualité des réponses). Et comme l'exprime Leplat, il reste des doutes pour les généraliser à des tâches diverses, de longue durée et exécutées par des populations différentes.

1. Détection des informations. — Les signaux doivent être largement au-dessus du seuil absolu de la perception de la modalité sensorielle concernée et du seuil différentiel par rapport aux autres stimulations non utiles :

Ainsi un signal sonore doit avoir une intensité suffisante pour être entendu par un opérateur dont l'audition n'est pas forcément en parfait état ; il doit avoir une intensité et une fréquence telles qu'il ne soit pas masqué par les bruits environnants. Un signal visuel doit pouvoir être perçu et distingué du fond sur lequel il apparaît.

Les signaux doivent être situés dans un espace correspondant au champ visuel de l'opérateur.

Les principaux facteurs à considérer sont la durée de présentation, la densité, c'est-à-dire leur nombre par unité de temps ou leur nombre par rapport au nombre de signaux non utilisés, la redondance, les intervalles entre signaux utiles, la cadence de présentation (imposée ou libre), leur variété, leur probabilité d'apparition, leur emplacement (signaux visuels).

Les stratégies de détection voient leur efficacité s'accroître si l'on introduit des repères dans le champ à inspecter.

Ainsi la recherche d'anomalies, d'erreurs, d'oublis, est favorisée, dans les tâches de contrôle de qualité, par un quadrillage, une structuration de l'objet.

La répétition d'un signal visuel par un signal sonore augmente la probabilité de détection.

2. **Interprétation des informations.** — Pour qu'une information soit correctement traitée, il faut que le signal qui la traduit soit clair et ne permette pas d'ambiguïté dans son interprétation, qu'il corresponde à l'attente de l'opérateur. Le principal problème concerne le codage des signaux et leur structuration.

Le codage. — Il consiste à traduire une information, qui ne peut être prélevée directement sur le phénomène lui-même par l'opérateur, en signaux interprétables par l'opérateur. Les indicateurs tels que des cadrans, des voyants, des enregistreurs sont des sources d'informations codées.

L'étude des codes a comme base la sémiologie, qui distingue les notions de signes, de signifié, et de signifiant. Le code est une expression traduite du signifié.

Les codes sont de nature diverse :

— codes par les couleurs (voyant rouge, vert) ;
— codes par des figures géométriques (triangles, carrés, cercles...) ;
— codes par des lettres, des mots, des chiffres, des symboles.

Les uns sont abstraits, c'est-à-dire dans une certaine mesure arbitraire, sans relation avec le signifié, sans « motivation » : couleurs, formes géométriques. D'autres, au contraire, sont en relation directe et significative avec le signifié : ils sont « motivés » (thermomètres pour exprimer une température...).

La règle générale est, dans la mesure du possible, d'utiliser des codes avec motivation qui sont appris plus rapidement et interprétés avec moins d'erreurs

que les autres. Il faut, cependant, les adapter aux populations au travail (problèmes de lecture, de signification culturelle).

La structuration des informations. — Lorsqu'il s'agit d'un ensemble d'informations, les problèmes de structure se posent et rejoignent certains éléments linguistiques :

— Structure des codes qui pourront être décomposés en mots et dont les diverses recompositions pourront donner des significations différentes. Ainsi, dans les panneaux routiers, un cercle rouge signifie « interdiction de... », et l'élément intérieur précise l'objet de l'interdiction.

— Structures spatiales des sources d'information qui permettent de suivre une interprétation logique : dispositifs schématiques reconstituant les différentes étapes du processus de fabrication et emplacements des cadrans sur ce diagramme, permettant de localiser rapidement les incidents et leurs causes. La connaissance de l'image opératoire que se fait l'ouvrier de son dispositif est indispensable pour l'accorder à cette structuration.

Les aides au travail. — On appelle « aides au travail » *(job aid)* les éléments « qui constituent un support d'information nécessaire à l'exécution du travail : notices, dessins, plans, schémas, consignes écrites, etc. Ce sont des informations permanentes, et ils peuvent être assimilés, ainsi, à une mémoire annexe ou externe de l'opérateur » (Leplat). Or, on constate fréquemment que les opérateurs ont une grande difficulté à utiliser ces aides (cas très fréquent dans les appareils destinés au grand public et s'adressant alors à une population très diversifiée).

Là encore, l'analyse de la démarche de l'utilisateur détermine les informations nécessaires à donner et leur organisation.

Relations entre signal et réponse. — Les informations utiles, détectées et traitées par l'opérateur, ont comme finalité, le plus souvent dans le travail, une action. L'ajustement de cet acte aux informations présentées concerne le couplage signal-réponse dont les exemples les plus immédiats sont les systèmes signalisation-commande : boutons de réglage et indicateurs de vitesse de marche d'une machine.

La compatibilité exprime, alors, le degré de cohérence entre ces deux éléments du système : plus la compatibilité est élevée, moins le nombre d'informations à traiter est grand, et plus la réponse à donner est claire, sans ambiguïté. Ainsi, on peut améliorer cette compatibilité en indiquant, par différents moyens, les liens entre indicateur et commande (flèches de liaison par exemple), mais surtout en respectant les stéréotypes. Ceux-ci sont des liaisons privilégiées, soit d'ordre psychophysiologique, soit d'ordre socioculturel, qui sont établis entre deux ou plusieurs éléments d'un dispositif. *Les stéréotypes spatiaux :* un bouton situé au-dessous d'un cadran sera interprété par les opérateurs comme une association de ces deux éléments. Dans la majorité des cas, les relations de proximité sont à favoriser. Lorsqu'on est obligé d'éloigner les commandes des signaux ou de les mettre dans des plans différents, il faut les disposer de manière à ce que ces relations apparaissent clairement. *Les stéréotypes de mouvement :* la rotation d'un bouton dans le sens des aiguilles d'une montre est associée à un mouvement identique de l'aiguille d'un cadran. Les variations de vitesse d'une machine peuvent être indiquées par le déplacement d'une aiguille devant une échelle graduée : ce déplacement et, par conséquent, la graduation de l'échelle seront dans le sens des aiguilles d'une montre pour indiquer une augmentation. Ces stéréotypes sont d'autant plus fragiles (c'est-à-dire que pour une population donnée, un pourcentage d'opérateurs plus faible établit une même liaison) que les plans des boutons sont différents des plans des indicateurs et que la direction des mouvements est différente. Dans les deux cas, la place de l'opérateur par rapport aux commandes et indicateurs joue un rôle important.

Les avantages des couplages compatibles sont :
— un apprentissage rapide ;
— des erreurs moins nombreuses ;

— une rapidité d'intervention plus grande ;
— une résistance plus grande aux effets d'une autre tâche simultanée.

Les tâches de poursuite. — Le développement des engins de transport a multiplié les tâches de poursuite, c'est-à-dire les tâches dans lesquelles il faut ajuster une réponse à un signal qui varie de manière continue : conduire une voiture consiste à ajuster la direction (volant) et la vitesse (accélérateur et frein) à un environnement (route) qui change sans arrêt. Ces problèmes sont multipliés du fait de l'accroissement de la vitesse, du déplacement dans les trois plans de l'espace pour les avions, avec l'aide seule des instruments, etc.

Ces situations posent des problèmes particuliers et ont provoqué de nombreuses recherches sur le plan théorique, qui touchent à la psychophysiologie et à la psychologie. Mais les données ergonomiques sont encore parcellaires et chaque situation pose des problèmes particuliers.

CHAPITRE III

LE TRAVAIL PHYSIQUE

L'ergonomie a trouvé, dès ses débuts de discipline autonome, des bases physiologiques solides sur les mécanismes du travail musculaire : elle a pu ainsi développer les recherches sur les règles « d'économie » du travail musculaire et les critères d'évaluation de la charge physique. Mais il faut regretter que, malgré les techniques actuelles qui permettent des mesures sur les lieux de travail, de nombreuses données soient tirées d'expériences en laboratoire sur de jeunes adultes en bonne santé. L'extrême variabilité des capacités de la population habituelle des travailleurs, la durée du travail professionnel ou d'autres facteurs rencontrés dans des situations industrielles sont rarement pris en compte.

I. — Quelques éléments de physiologie musculaire

Le muscle squelettique (muscle strié) est un système de transformation d'énergie chimique en énergie mécanique. Il peut ainsi fournir, soit un travail dynamique s'il se raccourcit — travail dynamique actif —, ou s'allonge — travail dynamique résistant —, soit un travail statique s'il se contracte sans modification de sa longueur. Dans le premier cas, il provoque un déplacement des segments osseux et correspond aux mouvements effectués au cours de l'exécution d'une tâche : ces mouvements sont alors caractérisés par leur direction, leur amplitude, leur vitesse, la résistance extérieure qui leur est opposée (déplacement de commande, d'outils, d'objets, etc.), leur précision et leur fréquence.

Dans le second cas, il produit une immobilisation des segments osseux et correspond au maintien dans l'espace des segments corporels : maintien d'une posture, maintien d'une charge immobile, exercice d'une force sur un outil, un objet, une commande, sans déplacement de ceux-ci : ce travail statique est caractérisé essentiellement par la force exercée et la durée de l'effort. Les tâches industrielles comportent habituellement ces deux modes de travail physique.

Comme toutes les cellules vivantes, le tissu musculaire est consommateur d'oxygène et cette consommation croît avec le degré de contraction des muscles. L'oxygène est tiré de l'atmosphère et apporté aux cellules par le système cardio-respiratoire de manière permanente, car il n'existe pratiquement pas de réserve de ce gaz dans l'organisme. Ainsi la consommation d'oxygène est représentative du niveau d'activité physique. Cependant, il faut distinguer plusieurs cas :

— La contraction statique des groupes musculaires n'entraîne pas une grande augmentation de consommation d'énergie. Ce mode de contraction est, du point de vue énergétique, relativement économique. Mais il provoque un obstacle important à la circulation sanguine, système transporteur d'aliment énergétique, ce qui limite sa durée et son intensité. Ce sont les modifications du système cardio-circulatoire (la fréquence cardiaque en particulier) qui indiquent le niveau de l'effort fourni.

— Le travail physique local — qui n'entraîne la contraction que de quelques groupes musculaires (moins d'un tiers de la masse musculaire du corps) — par opposition au travail physique général dans lequel plus des deux tiers de la masse musculaire est active, ne provoque pas une consommation d'oxygène élevée par rapport à la capacité maximale. Ainsi l'évaluation de l'effort se fait par référence à une force maximale de ce groupe musculaire ou par des indices locaux tels que l'électromyographie (enregistrement de l'activité électrique de la contraction musculaire).

La fatigue se manifeste par des douleurs, des tremblements, des difficultés d'ajustement des mouvements ou de la force exercée au niveau des groupes musculaires en activité intense, et par des signes de surcharge du système cardio-respiratoire.

II. — Travail local

Dans les deux types de contraction (statique et dynamique) l'apparition de l'épuisement peut être prévue si l'on se réfère à la force maximale (contraction statique) ou à la puissance maximale (contraction dynamique) du muscle ou du groupe musculaire actif.

Dans le travail statique le temps limite de contraction est défini par : $T = \frac{K}{(F/F_m)^{2,4}}$ (1) ; au-dessous de 20 % de la force maximale, la contraction peut être prolongée pendant un temps très long sans épuisement (Monod).

Dans le travail dynamique, la puissance critique est la puissance la plus élevée qui puisse être maintenue pendant un temps très long. Elle correspond à environ un dixième de la puissance de crête, c'est-à-dire la puissance maximale du muscle ou du groupe musculaire actif (Scherrer).

Par ailleurs, la force maximale augmente avec le degré d'allongement du muscle jusqu'à une certaine longueur qui correspond à peu près à celle obtenue lorsque l'articulation est en extension presque maximale pour les muscles fléchisseurs. Cette force maximale diminue avec la vitesse de raccourcissement ou d'allongement du muscle, c'est-à-dire avec la vitesse du mouvement effectué.

Les quelques règles d'organisation du travail musculaire local ont été développées surtout dans le domaine de la manœuvre d'outils et de commandes, de machines ou d'engins. Elles ont comme support essentiel les lois de la contraction musculaire, mais aussi de la biomécanique des segments corporels.

Ainsi sont définies les forces maximales possibles suivant les segments de membre mis en jeu, les directions de force et les appuis utilisés d'une part, et les caractéristiques des populations d'autre part.

(1) T : Temps limite de contraction ; K : constante ; F : force de contraction du muscle ; Fm : force maximale de contraction du muscle.

Organe de commande		Rapidité	Précision	Effort	Zone d'action	Charge
Volant 		mauvais	bon	moyen	Moyen	2 - 25 kg diamètre : 180-500 mm
Manivelle 	petite	bon	mauvais	très mauvais	bon	0,9 - 2 5 kg' bras de levier jusque 120 mm
	grande	mauvais	très mauvais	bon	bon	supérieure à 3,5 kg' bras de levier 150-220 mm
Pédale 		bon	mauvais	bon	très mauvais	1,5-90 kg'

Fig. 4. — Principales propriétés de quelques types de commandes (d'après GRANDJEAN, 1969).

Les variations des forces maximales sont considérables : un jeune adulte développe une force de traction avec la main variant entre 29 et 54 kg selon le degré d'extension de son avant-bras sur le bras. Pour une même angulation (150°) cette force varie de 55 à 15 kg suivant qu'il s'agit d'une traction ou d'une rotation externe. Le bras gauche est 10 % moins fort que le droit chez les droitiers. La force moyenne des femmes est d'environ les trois cinquièmes de celle des hommes. La force maximale baisse de 10 % entre 25 et 50 ans.

A partir de ces premières données sont définies les forces acceptables de résistance des commandes en fonction de leur fréquence d'utilisation (un cinquième de la force maximale si l'utilisation est peu fréquente, un dixième si l'utilisation est fréquente ou permanente) et leur emplacement par rapport à l'opérateur (direction des forces). Mais d'autres facteurs doivent être pris en compte : vitesse de déplacement de la commande (ou d'un objet), précision du mouvement.

Ainsi une vitesse élevée ne peut être obtenue que si la masse corporelle en mouvement est faible, ceci oblige à une faible résistance de la commande. Si la résistance est élevée, il est nécessaire d'utiliser d'une part des groupes musculaires importants et nombreux, d'autre part des masses corporelles élevées (rôle du poids du buste pour peser sur une commande résistante).

La précision obtenue dans un mouvement sera fonction de la vitesse de déplacement, de l'amplitude, de la direction du mouvement et de la force à vaincre. C'est donc une analyse des exigences impératives de la tâche confrontée à ces connaissances qui permet d'établir progressivement les caractéristiques du poste de travail.

Très brièvement et schématiquement :

Des exigences de précision, de vitesse de déplacement, d'amplitude de déplacement, de résistance, de fréquence d'utilisation, de rapidité d'atteinte (commande de sécurité), détermineront :

— les caractéristiques de ces commandes, telles que frottement sec (qui ne gêne pas la vitesse mais rend difficile l'ajustement) ou visqueux (effet inverse), réglages continus ou discontinus, dimensions de la commande et de sa zone de déplacement, résistances minimale et maximale ;
— l'emplacement de ces commandes par rapport à l'opérateur et le sens de leur déplacement ;
— la posture de l'opérateur (assise ou debout) et la localisation des points d'appui.

Il faut rappeler que les normes habituellement préconisées sont à nuancer en fonction des populations qui doivent occuper les postes (variation de la force musculaire maximale suivant le sexe, l'âge, l'entraînement). Il est sûr que les valeurs vers lesquelles on doit tendre sont celles qui engagent la force musculaire la plus faible, car elles sont alors compatibles avec les capacités des travailleurs les plus défavorisés du point de vue physique et rendent le poste accessible à l'ensemble de la population, sans discrimination dans ce domaine.

III. — Le travail musculaire général

La mesure de la consommation d'oxygène est une méthode directe pour évaluer la dépense énergétique provoquée par le travail musculaire général. Cependant les techniques de mesures sont lourdes (nécessité d'un laboratoire d'analyse des gaz expirés à proximité) et gênantes pour le travailleur (port d'un masque). Aussi elles ne sont que très rarement utilisées en situation réelle de travail.

Des données ont été établies, essentiellement en laboratoire ; leur transposition à des activités professionnelles exercées dans le milieu habituel de travail doit être faite avec beaucoup de précautions.

1. Phénomènes généraux. — Dépense énergétique de repos : Même à l'état de repos, l'organisme vivant consomme de l'énergie. La dépense énergétique mesurée pendant un travail physique comprend donc la dépense de repos et la dépense spécifique de travail. Cette dépense de repos varie d'un individu à l'autre, elle varie également avec trois facteurs :

— la digestion : celle-ci impose une dépense énergétique liée d'une part à l'activité des muscles et glandes digestives,

d'autre part au travail de transformation des aliments ingérés en aliments de reconstitution ou de réserve ;
— la thermorégulation : dans la zone de froid, l'organisme augmente sa production de chaleur, ce qui nécessite une dépense d'énergie qui peut atteindre trois fois celle de la dépense de repos, dans des situations extrêmes ;
— la posture : par rapport à une posture couchée, les postures assise et debout nécessitent une contraction des muscles posturaux et donc une dépense accrue qui est de l'ordre de 15 à 30 % pour la posture debout. Plus la posture est déséquilibrée ou rigidifiée, plus cette dépense est élevée.

Les dépenses exigées par la digestion et le maintien de posture s'ajoutent directement aux dépenses de travail musculaire, donc limitent la capacité de travail. Les dépenses de thermorégulation au froid peuvent être, en partie, substituées à celles du travail musculaire du fait de la production de chaleur qui accompagne la contraction des muscles.

Variations au cours du temps : comme pour toutes les fonctions physiologiques, il existe un temps d'adaptation lorsqu'on passe d'un état à un autre.

Dans le cas d'une activité physique, lorsqu'on passe de l'état de repos à l'état de travail, l'adaptation cardio-respiratoire aux nouveaux besoins se fait progressivement et l'organisme contracte alors une dette d'oxygène correspondant à l'écart entre les besoins immédiats des masses musculaires actives et l'apport d'oxygène. Cette dette est d'autant plus importante que les changements de niveaux d'activité sont brutaux et importants. Elle est en principe comblée après l'activité, et la consommation d'oxygène à l'arrêt du travail descend progressivement jusqu'au niveau de repos.

La consommation d'oxygène en période de travail peut suivre les variations d'activité du travailleur si celles-ci ne sont ni brutales, ni importantes ; il s'établit alors un état stable où les apports correspondent schématiquement aux besoins. Si le travail est intense, la consommation d'oxygène ne suit plus les exigences de dépense : la consommation d'oxygène augmente progressivement avec le temps et il apparaît un état d'épuisement, dans un délai qui est fonction, d'une part, de l'intensité et de la durée du travail, d'autre part, des capacités du travailleur.

2. **Evaluation du coût énergétique du travail musculaire.** — Trois éléments doivent être retenus dans l'évaluation du coût énergétique d'un travail professionnel :

— l'intensité d'un travail varie bien souvent avec le temps, même s'il s'agit d'un travail répétitif où les mêmes activités sont reproduites périodiquement : modifications même faibles de la tâche à exécuter, incidents, variations de l'état des moyens matériels de travail (usure des outils...). Aussi toute valeur moyenne qui serait retenue ne donnerait qu'une indication fausse sur le coût réel du travail ;

— l'état du travailleur change au cours du temps : apprentissage, fatigue, état de santé. Les variations interindividuelles sont considérables. Or le niveau de dépense énergétique d'un travail n'a de signification que s'il est rapporté à la capacité de celui qui l'exécute. Une dépense de 10 kcal/mn peut correspondre à un travail lourd pour un travailleur, modéré pour un autre, suivant leur entraînement, leur âge, leur sexe, leur état de santé ;

— le temps pendant lequel est réalisée cette dépense énergétique est également un facteur à prendre en compte.

Ces quelques remarques montrent les limites des données actuelles répertoriées sur les dépenses énergétiques de diverses activités professionnelles.

Exemples :

Valeurs absolues :

— pour un type d'activité :

• Travail au tour	3,0 à 3,7 kcal/mn (1)
• Repassage de linge	3,6 à 4,2 —
• Chargement de charbon	6,6 à 7,7 —

— pour un groupe d'activité :

• Travail du cordonnier	1,8 à 2,7 kcal/mn
• Travail de maçonnerie	2,5 à 9,0 —

Classification :

— par rapport à la capacité maximale stabilisée de consommation d'oxygène :

• Travail maximal	75-100 %	capacité maximale
• Travail intense	25-50	—
• Travail léger	< 25	—

— par rapport à la durée :

• 15 kcal/mn	1 à 2	heures rarement
• 10 —	8	heures quelques semaines.

IV. — Le rendement du travail musculaire

Une part seulement de l'énergie dépensée pendant le travail apparaît sous forme d'énergie mécanique, et le rapport entre ces deux grandeurs définit le rendement du travail musculaire. Cependant, celui-ci n'est pas constant : si l'on considère le rendement net, il peut varier de 25 à moins de 10 %.

Pour un même type d'activité, la marche, le

(1) Les valeurs sont habituellement exprimées en kilocalories : environ 4,8 kcal correspondent à une consommation de 1 l d'oxygène.

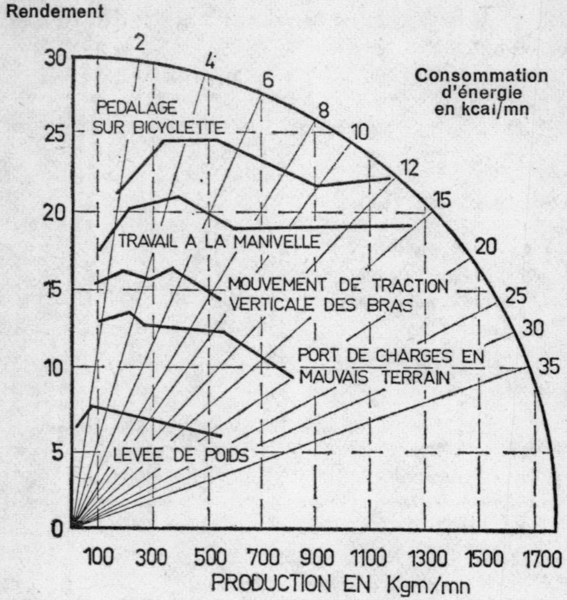

Fig. 5. — Rendement du travail musculaire dans différents types d'activités (d'après E. A. MULLER 1955).

transport de charge, le pelletage, etc., il existe un rendement optimum qui dépend de nombreux facteurs : les uns liés au travail lui-même (rythmes de travail, outils utilisés, charges déplacées, amplitude des mouvements, des déplacements, etc.), les autres liés aux travailleurs.

L'ensemble des courbes de rendement a une allure en U renversé. En fixant un des paramètres du travail, on peut définir les autres dans une perspective de rendement optimum : ainsi, pour une charge unitaire donnée, on peut déterminer un mode de portage, une vitesse de marche optimum.

Il faut cependant noter que la définition d'un rythme, d'une charge, d'une direction de force, d'une posture ou d'un outil, par cette méthode ne signifie pas obligatoirement que la charge de travail est acceptable. Elle détermine seulement les conditions d'un rendement optimum, c'est-à-dire d'un minimum de dépenses énergétiques pour un travail maximum fourni.

V. — La fréquence cardiaque

La mesure de la fréquence cardiaque a été considérablement développée pour évaluer la charge de travail, du fait, d'une part des connaissances acquises sur la signification physiologique de cette variable, et d'autre part des facilités de son enregistrement, aspect important lorsqu'il s'agit d'effectuer les mesures en situation industrielle.

1. **La fréquence cardiaque comme critère de charge.** — L'activité cardiaque a comme fonction essentielle d'assurer un débit sanguin dans tous les tissus de l'organisme.

Deux paramètres déterminent ce débit sanguin : le volume systolique, c'est-à-dire le volume de sang chassé dans la circulation générale à chaque contraction du cœur et la fréquence des contractions. Cependant le facteur principal d'augmentation du débit sanguin est la fréquence cardiaque, car l'accroissement du volume systolique reste limité du fait de la structure des tissus cardiaques.

2. **Fréquence cardiaque et travail musculaire.** — Il existe une relation linéaire entre la fréquence cardiaque et l'intensité du travail musculaire général dynamique. Si on fait effectuer des épreuves d'intensité croissante, on observe une augmentation parallèle de la fréquence cardiaque moyenne.

Comme pour la consommation d'oxygène, la fréquence cardiaque suit, avec un certain décalage dans le temps, les variations de puissance du travail effectué. Ainsi, au début du travail, il y a une augmentation progressive de la fréquence cardiaque ; si le travail est modéré, il s'établit rapidement une fréquence stable, si le travail est intense, l'état stable n'apparaît pas et la fréquence cardiaque continue à s'élever jusqu'à l'épuisement ; à l'arrêt du travail, elle revient progressivement à l'état de repos.

La contraction statique provoque un obstacle à la circulation sanguine locale et par voie réflexe se produit une augmentation de la pression artérielle pour forcer cet obstacle.

La fréquence cardiaque s'élève progressivement avec la durée de la contraction, si celle-ci dépasse environ 20 % de la force maximale de contraction. Cette élévation est d'autant plus rapide que la force est élevée, mais elle est à peu près identique, quelle que soit la masse musculaire en activité. Il est admis que, pour éviter cette élévation progressive, on ne doit pas engager plus de 20 % de sa force maximale. Dans les autres cas, la durée de la contraction ne doit pas excéder 40 % du temps limite.

3. **Autres facteurs de variation.** — D'autres facteurs modifient la fréquence cardiaque : en particulier la posture, la digestion, certaines caractéristiques thermiques de l'environnement, l'altitude ; et leurs effets s'ajoutent à ceux du travail physique. Ils diminuent d'autant la capacité de travail physique.

Les postures habituelles de travail provoquent une augmentation de la fréquence cardiaque du fait des contractions musculaires qu'elles nécessitent et des modifications hydrodynamiques et circulatoires qu'elles entraînent. Chacun de ces deux facteurs jouera plus ou moins suivant la posture adoptée (assise, debout, penchée, accroupie, etc.).

La période digestive s'accompagne d'une élévation de la fréquence cardiaque du fait d'une vasodilatation intense des territoires splanchniques pendant cette activité. Cette élévation est surtout en rapport avec l'importance du repas absorbé, mais aussi avec ses constituants (les protides ont des effets plus importants et durables — quatre à cinq heures — que les glucides). L'ingestion d'alcool, plus que celle du café ou du thé, provoque une augmentation notable de la fréquence cardiaque.

La fréquence cardiaque s'accroît lorsque l'organisme est situé dans une ambiance chaude du fait du rôle de la circulation sanguine dans les échanges de chaleur entre le corps et l'environnement.

Enfin, l'altitude, surtout pour des personnes non acclimatées, entraîne une augmentation de la fréquence cardiaque du fait de la diminution de la capacité de fixation d'oxygène dans le sang artériel. Pour répondre à des besoins identiques, le débit sanguin augmente d'autant plus que l'altitude est élevée.

4. **La mesure de la fréquence cardiaque.** — L'enregistrement de la fréquence cardiaque ne pose plus de grand problème technique : la principale méthode utilisée est l'enregistrement de l'activité électrique du cœur (électrocardiogramme) par pose d'électrodes dans la région cardiaque et la télémétrie laisse toute liberté de mouvement et déplacement à l'opérateur car les électrodes sont reliées à un petit émetteur portatif, très léger et compact. Le recueil des signaux électriques peut alors se faire à distance.

Brouha a par ailleurs développé la signification de la fréquence cardiaque de récupération après travail.

Il a pu montrer que les courbes de récupération sont en relation avec les différents facteurs, cités précédemment, qui

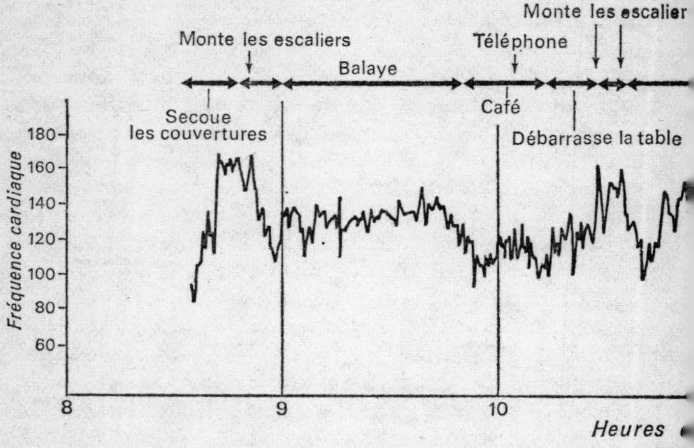

Fig. 6. — Variations de la fréquence cardiaque au cours d'u

modifient la fréquence cardiaque au cours du travail (type d'activité musculaire, intensité, durée, chaleur, etc.). Aussi, la mesure de la fréquence cardiaque, même par palpation du pouls, pendant les trente dernières secondes des trois premières minutes après l'arrêt du travail, chacune des valeurs étant ensuite multipliée par deux pour les rapporter à une minute, permet d'évaluer la charge de travail.

5. **Interprétation des mesures.** — Les mesures de fréquence cardiaque doivent être associées à l'analyse du travail effectué et des conditions dans lesquelles il est exécuté pour connaître les différentes composantes des variations de fréquences cardiaques constatées. Les résultats obtenus permettent d'évaluer l'importance de chacune de ces composantes dans la charge de travail, de déceler les phases particulièrement critiques des tâches, et donc de choisir les éléments à modifier pour

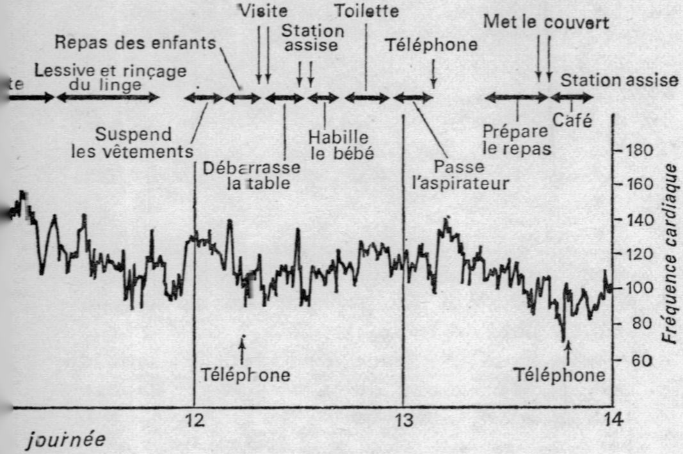

ni-journée de travail ménager (d'après Astrand et coll., 1973)

atténuer cette charge (posture à rendre plus équilibrée, charge thermique à diminuer, résistance d'une commande à atténuer, pauses à introduire).

Ces résultats permettent aussi d'évaluer la charge pour chaque ouvrier : comme pour l'évaluation de la capacité de travail à l'aide de la consommation d'oxygène, la fréquence cardiaque est enregistrée au cours d'épreuves standardisées sur les lieux mêmes du travail et la confrontation de la fréquence cardiaque pendant le travail à celle obtenue pendant ces épreuves permet d'établir un équivalent de charge de travail et de le rapporter à une fréquence maximale. On peut ainsi tenir compte des différences interindividuelles, qui sont importantes : les femmes, les personnes au-delà de 25 à 30 ans, les opérateurs peu entraînés ou en mauvaise santé, ont une fréquence cardiaque de repos plus élevée que les hommes de 20 ans entraînés et en bonne santé. Leur fréquence cardiaque augmente en général plus fortement pour un travail équivalent. Leur fréquence maximale est à peu près identique. Aussi leur capacité de travail s'en trouve-t-elle réduite.

Plusieurs critères définissent les charges tolérables :

— la stabilisation de la fréquence cardiaque au cours du travail : une augmentation progressive au cours du temps laisse prévoir un épuisement plus ou moins rapide ;
— le niveau de fréquence cardiaque au cours du travail : il est admis qu'on ne doit pas dépasser 110 pulsations par minute pour des personnes particulièrement aptes, si le travail est exécuté huit heures par jour ;
— les valeurs de récupération : si les trois pouls de récupération ont été mesurés selon la méthode de Brouha, il faut que la différence entre la 1re et la 3e valeur soit au moins de 10 pulsations/mn, et que la 3e valeur soit inférieure à 90/mn.

Ces valeurs sont à nuancer en fonction de l'état de la population concernée.

Ainsi la mesure de la fréquence cardiaque est une méthode d'évaluation de nombreux paramètres de la charge de travail. Sa facilité de mesure et les connaissances acquises sur sa signification en font une méthode privilégiée en situation industrielle.

Chapitre IV

DURÉE, RYTHME ET CHARGE DE TRAVAIL

La charge de travail est dépendante du contenu de la tâche et des contraintes temporelles dans lesquelles il est exécuté : à la question, quel type d'activité est mis en jeu, il faut associer combien de fois par unité de temps et pendant combien de temps. Cet aspect quantitatif est très important, souvent critique, et est un des facteurs déterminants dans l'apparition de fatigue.

I. — Le travail physique

Sur le plan physiologique, un certain nombre de critères assez précis permettent de définir quelques règles temporelles du travail physique.

— Les lois du travail statique et dynamique introduisent la notion de temps limite en fonction de la force de contraction ou de la puissance mise en jeu dans le travail local (seuil de 15-20 % de la force maximale ou de la puissance critique pour des travaux de longue durée).

— L'étude du rendement définit des rythmes optimaux d'activité physique.

— La mesure du coût énergétique du travail

physique général permet de déterminer les niveaux limites de dépense en fonction de la durée.

— L'allure des courbes de récupération de la consommation d'oxygène et de la fréquence cardiaque montre l'importance des premières dizaines de secondes et des premières minutes de repos qui suivent l'arrêt du travail dans la récupération.

Ce dernier fait indique l'efficacité, d'un point de vue physiologique, des pauses courtes et fréquentes par rapport aux pauses longues et plus rares dans les travaux physiques

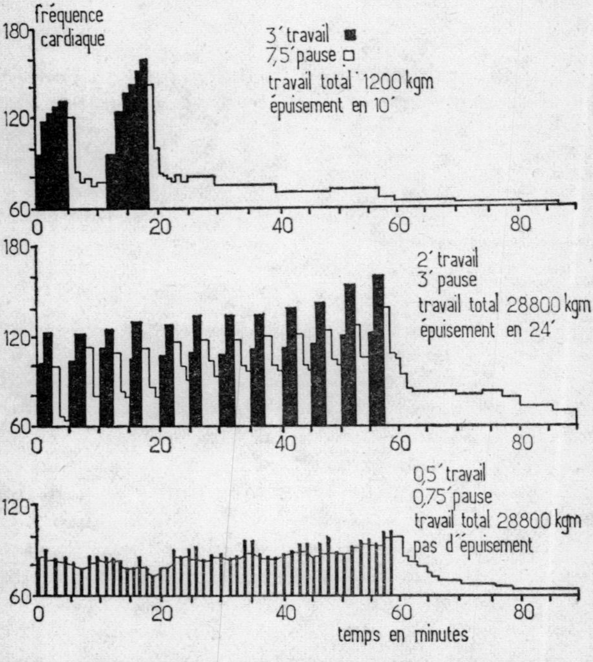

Fig. 7. — Effet de la répartition des pauses sur la capacité de travail (d'après KARRASCH K., 1955).

modérés et intenses. Les recommandations générales qu'on peut faire sont d'introduire des pauses courtes dans le déroulement même du travail (temps d'attente pour le refroidissement d'une pièce par exemple) ou des changements d'activité (nettoyage d'outils, réglage...) et de conserver des pauses longues dans la journée pour permettre une rupture nette. Le travailleur pourra alors quitter son poste, s'alimenter, converser avec d'autres.

Enfin, pour respecter les variations intra et interindividuelles importantes des opérateurs, il est nécessaire de ne pas imposer une charge constante au cours du temps et identique pour tous. Ce qui condamne tout rythme imposé par une machine, une chaîne de production, surtout quand les cycles sont courts car ils ne permettent alors aucune régulation, par l'opérateur, de sa charge de travail.

Les variables représentatives de cette charge sont différentes suivant le type de travail exécuté : l'électromyogramme des muscles actifs dans le travail local, la fréquence cardiaque dans le travail statique, la consommation d'oxygène et la fréquence cardiaque pendant le travail et pendant la récupération dans le travail général.

II. — Le travail mental

Les diverses situations de travail qu'on rencontre actuellement peuvent se distribuer selon un continuum quand on considère la quantité d'activité mentale exigée : situations de conduite de véhicule sur autoroute, de navire, situations de contrôle de processus de fabrication chimique, où les signaux déclencheurs d'activité sont rares et aléatoires dans le temps et même l'espace, jusqu'aux situations où la densité des signaux à traiter est très élevée : contrôle de navigation aérienne dans les grands aéroports, tri de courrier, contrôle de qualité dans l'industrie.

Les problèmes ergonomiques que posent ces situations sont cependant de nature très différente.

1. **Situation de faible charge.** — Les données neurophysiologiques actuelles montrent que le niveau d'excitabilité du système nerveux suit également un continuum entre deux extrêmes qui sont le sommeil et les états d'émotion intense. Mais les structures nerveuses responsables de ces différents états sont en partie dépendantes de certaines caractéristiques du milieu environnant et en partie du système de régulation interne (par exemple certains mécanismes qui règlent le rythme nycthéméral). Ainsi le niveau d'éveil d'une part, le niveau d'attention à la tâche d'autre part, c'est-à-dire l'orientation et la focalisation de ce niveau d'éveil sur la tâche, sont fonction des caractéristiques de celle-ci (intensité et fréquence des stimulations environnantes et des signaux utiles) mais aussi de l'état interne de l'opérateur qui varie en fonction de nombreux facteurs tels que heure de la journée, période digestive, manque de sommeil, etc.

Toute une série d'études (Mackworth en est à l'origine) ont montré l'influence de différents facteurs sur la vigilance, c'est-à-dire le comportement de l'opérateur dans ce type de situation. Ces études ont permis de déterminer les conditions de travail à respecter pour que l'opérateur maintienne un niveau de vigilance qui atténuera les erreurs et omissions dans la détection des informations. Et celles-ci ont parfois des conséquences graves sur la sécurité des personnes et des installations.

Dans les situations « monotones » au sens où les événements sont rares et l'activité physique faible, l'opérateur isolé et la durée de la tâche longue, le niveau de vigilance élevé au début chute très rapidement, dès les dix à trente premières minutes, puis plus progressivement. L'opérateur tend alors à détecter de moins en moins les signaux utiles (visuels ou sonores), les omissions s'accroissent. On retrouve d'ailleurs une évolution semblable, mais plus ou moins rapide et importante, dans les situations de travail qui se rapprochent de celles définies plus haut, même si elles n'en ont pas toutes les caractéristiques.

Certains facteurs accentuent la baisse de vigilance : ambiances chaudes, travail de nuit, manque de sommeil ; d'autres atténuent cette évolution et c'est sur ces facteurs qu'il faut jouer :

— présentation des signaux ; il faut provoquer :
  — une intensité et un rapport entre l'intensité des signaux et celle du fond élevés (différence de contraste, de forme, de couleur entre signaux visuels et fond — différence de fréquence et d'intensité entre signaux sonores et bruit de fond) ;
  — une durée longue de présentation de chacun des signaux ;
  — une fréquence de présentation moyenne et une certaine irrégularité dans les rythmes de présentation ;
  — une connaissance par l'opérateur de ses omissions, ses erreurs et ses détections correctes ;

— organisation de la tâche ; il faut noter que :
  — les pauses, les changements d'activités rétablissent le niveau initial ;
  — la surveillance en double (deux opérateurs) diminue la probabilité d'omissions et d'erreurs.

2. **Situations de charge élevée.** — Autres sont les mécanismes que l'opérateur met en jeu lorsque la charge est élevée.

Deux facteurs jouent de manière essentielle : la quantité de travail à exécuter par unité de temps et les contraintes de temps imposées.

La quantité de travail à exécuter par unité de temps. — En se référant à la théorie de l'information, on a fait l'hypothèse de capacité maximale de traitement d'information par un opérateur. Il faut préciser cependant deux choses : d'une part, tous les éléments du travail ne peuvent être exprimés aisément en termes de quantité d'information à traiter (reconnaissance de situations, éléments de résolution de problèmes complexes, etc.) ; d'autre part, la notion de traitement d'information recouvre des opérations qui peuvent être très diverses : mettre en mémoire et tirer de sa mémoire, décider, etc.

Cette capacité maximale n'est pas constante dans le temps : si on a estimé à environ 76 décisions de choix binaire cette capacité maximale pendant un temps très court (quelques minutes), celle-ci est réduite dès que la tâche se continue, que la fatigue apparaît. Elle est également variable avec l'opérateur, en particulier avec son degré de motivation, son apprentissage. Cette capacité maximale ne peut être utilisée pendant longtemps et les tâches

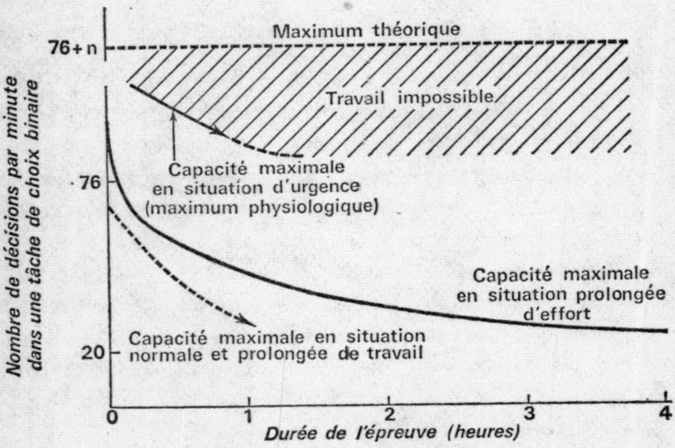

Fig. 8. — Variations de la capacité mentale maximale en fonction de la durée de travail (d'après Kalsbeck J. W. H.).

professionnelles ne doivent en engager qu'une faible partie.

La succession des informations présentées, les limites de temps acceptées pour les réponses. — L'opérateur humain ne peut traiter simultanément plusieurs informations ; il opère habituellement par succession de traitement et de réponse pour chacune d'entre elles. Sinon il doit mettre en mémoire les informations avec risques d'oublis et perturbations des réponses. Aussi, il est important que l'arrivée d'une nouvelle information, d'une nouvelle tâche, ne tombe pas dans une période où l'opérateur est en train de traiter l'information précédente, d'exécuter la tâche précédente. Ceci est à rapprocher du problème des limites de temps acceptées pour les réponses : la variabilité du temps pris, par un opérateur, pour traiter une information, décider d'une action et l'exécuter est très variable. Cette variabilité est d'autant plus grande que les tâches sont complexes ; aussi le temps entre la présentation de l'information et la réponse de l'opérateur ne peut être rigide et constant. Egalement, tout processus d'organisation du travail qui impose un temps limite d'exécution d'une tâche provoque, d'une part, une baisse de la qualité du travail, d'autre part, une surcharge pour l'opérateur qui doit accélérer certaines opérations pour rester dans le temps imparti quand une décision est difficile à prendre, quand survient un incident, etc.

3. **Les critères de charge mentale.** — Comme le montre le schéma de Wisner, les critères de performance sont insuffisants pour caractériser la charge de travail. Dans de nombreuses situations professionnelles où le maintien au poste, le salaire, sont directement liés à la production faite par le tra-

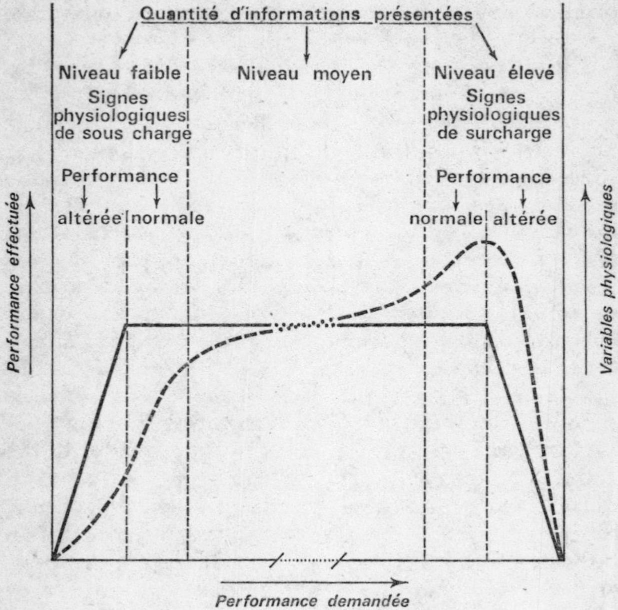

Fig. 9. — Schéma d'évolution de la performance et des variables physiologiques en fonction des quantités d'information à traiter (d'après A. Wisner, 1970).

vailleur, celui-ci tend à conserver cette production même au prix d'un effort important. Les indices de surcharge sont alors à rechercher par l'analyse du travail dans les changements des modes opératoires utilisés : on constate ainsi que des temps morts sont supprimés, des enchaînements d'opérations modifiés, des informations non traitées.

Quand le trafic s'accroît, les contrôleurs de navigation aérienne ne répètent plus les communications qu'ils échangent avec les pilotes, raccourcissent ces échanges en supprimant tout mot dit « inutile » au risque de ne pas être compris (Spérandio). Les ouvrières de l'électronique raccourcissent certaines opérations (temps de soudure), font des gestes inadaptés et inefficaces (Teiger).

On peut aussi les rechercher dans des modifications de variables physiologiques, suppression du rythme alpha de l'électro-encéphalogramme, rigidification de la posture et diminution de la distance œil-tâche.

On peut enfin tenter de la mesurer par la méthode de la double tâche, qui consiste à donner en plus de la tâche professionnelle une tâche mesurable en nombre d'information à traiter. On « mesure » alors sa capacité résiduelle, c'est-à-dire le nombre d'informations qu'il peut traiter correctement en plus de sa tâche normale et par déduction la charge due à la tâche.

III. — Les états de surcharge. La fatigue

La fatigue physique. — Elle se marque essentiellement par une baisse du rendement et une diminution de la capacité maximale de travail. Cet état est en principe réversible avec le repos. Elle se marque également par des sensations qui peuvent être plus ou moins masquées par les motivations du travailleur. Elle peut être objectivée par des mesures de variables physiologiques.

La fatigue sensorielle. — La fatigue des récepteurs sensoriels est moins évidente : la fatigue auditive se marque par une élévation du seuil d'audition pour certaines fréquences ; la fatigue visuelle est mal connue : les plaintes exprimées par des travailleurs dont la vue est très sollicitée sont de nature diverse : céphalées, larmoiement, sensation de brûlure et de picotement aux yeux... mais une modification objective de la fonction visuelle n'a pas encore été constatée.

La fatigue mentale. — Plus difficile encore est le problème de la fatigue mentale. Des expériences et des études sur des populations soumises à des charges de travail mental élevées ont montré que cet état entraîne des difficultés à exécuter le travail, mais aussi des troubles divers : trouble du caractère, agressivité, irritabilité, troubles du sommeil, hypersensibilité à des stimulus (lumière, bruit...), troubles de l'activité mentale — difficulté de maintenir son attention longtemps et restriction progressive des champs d'intérêt. Il est sûr que la description de cette symptomatologie est insuffisante pour en connaître les mécanismes de déclenchement.

CHAPITRE V

LES POSTURES DE TRAVAIL

La posture est l'organisation dans l'espace des segments corporels ; comme l'écrit Paillard :

« L'activité posturale se traduit par l'immobilisation des pièces des squelettes dans des positions déterminées, solidaires les unes des autres, qui composent au corps une attitude d'ensemble. Cette attitude d'ensemble exprime la manière dont l'organisme affronte les stimulations du monde extérieur et se prépare à réagir. En tant que début, accompagnement ou fin d'un mouvement dirigé dans l'espace, l'attitude constitue un aspect fondamental de l'activité motrice. »

D'un côté, la posture est soumise aux caractéristiques anatomiques et physiologiques du corps humain, elle est liée aux contraintes spécifiques de l'équilibre et obéit aux lois de la physique et de la biomécanique ; d'un autre côté, elle est en relation étroite avec l'activité de l'individu : une même personne adoptera des postures différentes suivant qu'elle conduit une voiture, qu'elle contrôle un produit, qu'elle manipule un objet lourd.

On reconnaît habituellement à la mécanisation le bénéfice d'une réduction du travail dynamique intense : travaux de manutention par exemple.

On peut cependant émettre des doutes sur une réduction générale de l'effort physique lorsqu'on constate le nombre élevé des postes de travail, tant dans les industries lourdes et de transformation, que dans les secteurs des services et des administrations, où les postures que les travailleurs doivent adopter sont déséquilibrées et pénibles : postures accroupies, semi-allongées dans les travaux de montage des automobiles, postures immobiles et rigides des mécanographes, des dactylos, penchées en avant des monteurs en électronique et en horlogerie.

En dehors de la fatigue musculaire immédiate, les effets à long terme de ces postures déséquilibrées sont nombreux : surcharge imposée à l'appareil circulatoire et formation d'œdèmes et de varices, atteintes articulaires et plus particulièrement de la colonne vertébrale (limitation articulaire par arthrose, bursite, synovite ; déformation de la colonne vertébrale ; hernies discales, etc.). Ces affections entraînent alors le rejet des travailleurs atteints, des postes de travail où les contraintes posturales sont trop fortes.

I. — Les critères

Il n'y a pas de critère unique qui caractérise une mauvaise posture et qui permette d'évaluer son coût pour l'opérateur. Certains sont significatifs dans tel cas, d'autres, dans tel autre cas.

1. **La dépense énergétique.** — La dépense d'énergie supplémentaire exigée par le maintien d'une posture déséquilibrée reste faible et ne rend pas compte de la pénibilité de celle-ci.

2. **La fréquence cardiaque.** — La fréquence cardiaque est un critère déjà plus fidèle. Elle rend compte, en effet, de la dépense énergétique exigée mais aussi de la résistance circulatoire créée par la contraction statique des groupes musculaires et des conséquences hydrodynamiques qu'impose l'irrigation sanguine de toute partie du corps située à une hauteur différente du cœur.

Cependant, de bonnes conditions hydrodynamiques ne sont pas obligatoirement en relation avec une bonne posture. Ainsi, la posture debout courbée atténue ces contraintes, mais provoque un étirement des ligaments intervertébraux et des pressions importantes sur la partie antérieure des vertèbres.

3. **L'électromyographie.** — L'électromyographie permet d'apprécier le degré de contraction des muscles et de mettre en évidence des signes objectifs de fatigue musculaire, mais elle ne peut être appliquée à l'ensemble des muscles actifs dans le maintien d'une posture.

La connaissance du degré de sollicitation de tel ou tel groupe musculaire particulier peut être, dans des cas précis, de grande utilité, mais elle peut aussi entraîner des erreurs d'interprétation si elle n'est pas associée à d'autres critères : ainsi, en posture assise, les muscles lombaires se contractent peu lorsque la colonne vertébrale est droite ou très courbée. Dans le premier cas, la posture est effectivement favorable, dans le deuxième cas, elle est pénible et mal tolérée au bout de quelque temps.

4. **Les critères subjectifs.** — Ils sont importants et ne doivent pas être négligés, même s'ils ne permettent que d'ordonner une échelle de pénibilité entre différentes postures.

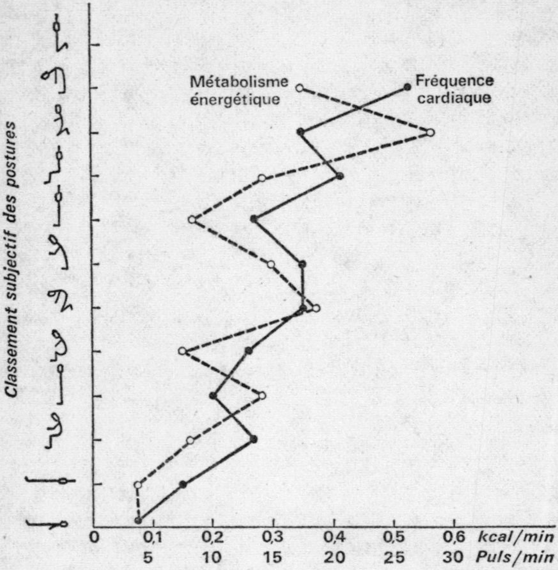

Fig. 10. — Coût énergétique et accroissement de la fréquence cardiaque de repos pour diverses postures classées subjectivement (d'après des données de M. Schmidt, 1969).

II. — Les facteurs déterminants des postures

Les principales caractéristiques du travail qui ont une influence directe sur la posture de l'exécutant sont les suivantes :

— les exigences visuelles : précision des détails à percevoir qui déterminera la distance œil-tâche, plan dans lequel ils sont situés qui déterminera l'axe visuel et donc l'orientation de la tête, grandeur de l'espace à inspecter qui déterminera l'amplitude des mouvements de la tête ;

— les exigences de précision gestuelle : un mouvement précis nécessite en général l'immobilisation des segments corporels qui ne participent pas au mouvement. La précision est accrue lorsque le mouvement est exécuté devant le plan frontal du corps et assez rapproché de l'axe corporel ;
— les exigences de forces à exercer : résistance des commandes, poids des outils, des charges à déplacer. Le niveau et la direction des forces à exercer déterminent l'organisation des segments corporels pour opposer une force résultante et maintenir l'équilibre postural ;
— les espaces où l'opérateur intervient : orientation, dimensions des plans de travail ; emplacement des commandes, des outils, des matériaux ;
— la cadence d'exécution.

Il s'agira alors de concevoir ces éléments du travail de manière telle que le travailleur puisse adopter une posture qui respecte le plus possible les positions d'équilibre des segments corporels, qui n'entraîne pas une surcharge circulatoire et qui puisse être changée fréquemment.

La posture assise dite « normale » est celle qui satisfait le mieux à ces critères ; elle est particulièrement favorable pour les travaux de précision mais elle peut devenir inadaptée si l'aire de travail est étendue, si des forces importantes doivent être exercées — dans ce cas la posture debout est préférable — si elle ne peut être changée du fait d'exigences d'emplacements précis et constants de certains segments corporels (pieds sur des pédales fixes, assise sur un siège fixe, emplacement fixe des yeux et donc de la tête, déterminé par les contraintes de précision et de vitesse d'exécution).

Chaque élément du travail a des répercussions sur la posture ; le confort de celle-ci est très fragile, le déséquilibre d'un seul segment corporel a des effets immédiats sur l'organisation des autres dans l'espace. La difficulté réside essentiellement dans la maîtrise des multiples facteurs déterminant la posture.

Chapitre VI

LES DIMENSIONS DES MOYENS DE TRAVAIL

Un plan de travail trop haut, une commande trop éloignée de l'opérateur entraînent l'adoption d'une posture déséquilibrée : une poignée d'outil mince et étroite empêche la prise à pleine main, un orifice étroit dans le capot d'une machine rend difficile la détection d'une panne, l'atteinte du mécanisme en cause, sa réparation : de nombreux exemples peuvent être cités, où des dimensions d'aires de travail, d'outils, de machines, choisies empiriquement, provoquent un effort physique inutile ou exagéré, des difficultés dans la manipulation d'objets, la perception d'éléments de la tâche, le contrôle de gestes.

Tout particulièrement dans ce domaine des dimensions, l'intervention dès la conception du poste, de l'outil, de l'objet est essentielle. La correction d'un système existant est souvent difficile et coûteuse.

Les données anthropométriques et biomécaniques chiffrées de la population des travailleurs (ou des consommateurs, lorsqu'il s'agit de produits commercialisés) constituent les bases de référence pour résoudre les problèmes dimensionnels ; l'analyse des exigences du travail permet le choix des données à retenir.

I. — Les données anthropométriques et biomécaniques

1. Les données anthropométriques. — A) *Elles sont de deux types :* Mesure des segments osseux et des distances interarticulaires : elles définissent ainsi les aires d'atteinte extrêmes ; associées aux données biomécaniques elles permettent de déterminer l'emplacement des centres de rotation des segments corporels et les zones d'atteinte.

Mesure d'encombrement : elles définissent les volumes occupés par les segments corporels. Ces mesures sont un peu moins précises que les précédentes ; elles sont indispensables pour déterminer des hauteurs d'aire de travail, de siège, des dimensions de poignées, d'outils, de commandes, etc. Les mesures d'encombrement doivent être corrigées en fonction de l'équipement des opérateurs : chaussures, vêtements, gants, casques et chapeaux.

Les dimensions des segments corporels varient d'un individu à l'autre et pour un même individu au cours de sa vie. Aussi il est nécessaire d'utiliser ces mesures en termes statistiques. Par ailleurs, lors de la détermination des caractéristiques anthropométriques d'une population, le problème de l'échantillonnage des mesures est très important.

Les principales caractéristiques de ces données anthropométriques sont les suivantes :

Pour une population d'individus, elles se distribuent suivant une courbe de Gauss ; on pourra définir ainsi, pour chacune des dimensions retenues, une moyenne et un facteur de dispersion autour de cette moyenne (écart type).

Les coefficients de corrélation entre les mesures des différents segments corporels sont peu élevés. Aussi n'est-il pas possible, en général, de déduire d'une dimension connue la longueur du membre supérieur par exemple, les dimensions des autres segments corporels, la longueur de la cuisse, de la jambe.

Il n'existe pas un individu ayant des dimensions totalement harmonieuses c'est-à-dire correspondant toutes à la moyenne.

B) *Quelques facteurs de variations.* — Certains facteurs de variations ont été reconnus. Ainsi une dimension telle que la taille varie :

- — avec l'âge : la croissance se termine vers 20-25 ans mais au-delà de 35 ans on constate une diminution de la taille due à un tassement des disques intervertébraux, à une accentuation des courbures vertébrales ;
- — avec le sexe : la croissance est plus précoce mais aussi plus courte chez la fille que chez le garçon. A l'âge adulte, la différence est d'autant plus grande que la population générale a une taille élevée (12 cm en France) ;
- — avec l'origine géographique : il existe une différence moyenne de 12 cm entre les Japonais et les Suédois ;
- — avec le milieu social : la différence de taille entre une population de manœuvres et une population d'étudiants peut atteindre 6 à 7 cm, les étudiants étant les plus grands ;
- — enfin, on a constaté que la taille moyenne de la population française s'accroît d'environ 1 cm tous les quinze ans, essentiellement par diminution du nombre des petits. A âge identique, les adultes nés il y a vingt ans seront plus grands que ceux nés il y a quarante ans.

2. **Quelques données biomécaniques.** — Les amplitudes maximales des mouvements articulaires ont été mesurées et sont connues actuellement. Elles varient avec l'âge et l'entraînement, mais ces mesures n'ont qu'une utilité limitée du fait que des amplitudes extrêmes sont rarement tolérées longtemps. Aussi préfère-t-on se référer à une notion d'angulation de confort ; celle-ci est difficile à définir de manière précise : elle ne doit pas entraîner d'étirements ligamentaires et de contractions musculaires importantes, elle ne doit pas provoquer de compression des nerfs et vaisseaux sanguins ; elle doit être ressentie comme non douloureuse par les individus. Comme le montre Rebiffé, qui a déterminé ces angulations de confort dans la posture

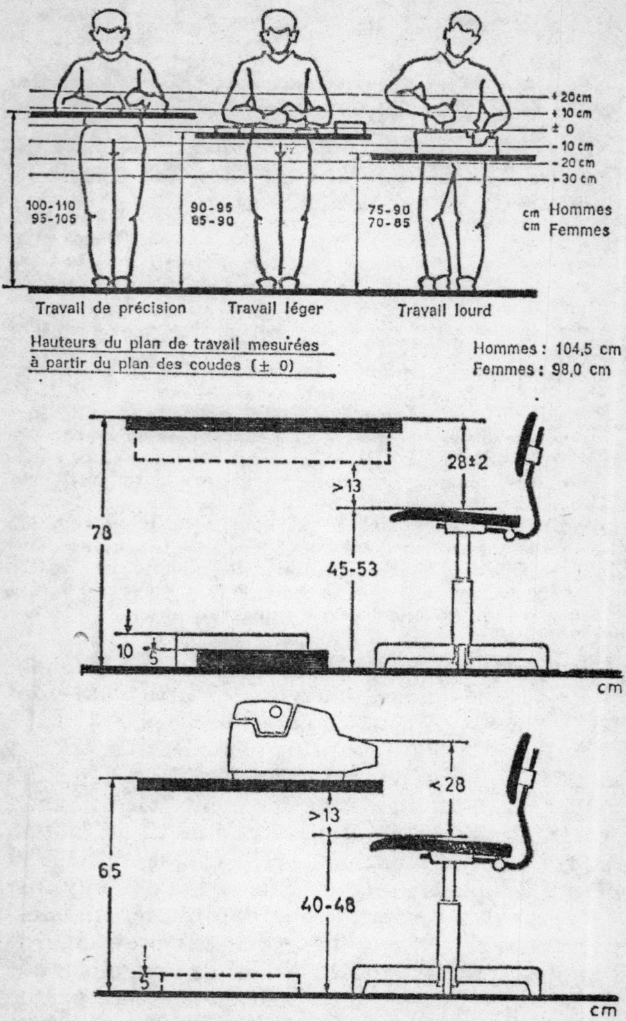

Fig. 11. — Principales dimensions recommandées (postes debout-assis) (d'après GRANDJEAN, 1969).

assise, celles-ci ne sont pas étroites mais correspondent à des zones d'angulation ; chacune d'entre elles est dépendante des autres : l'angulation de confort de la jambe sur la cuisse dépend en partie de l'angulation de la cuisse sur le tronc.

II. — Utilisation des données

Les caractéristiques de sexe, d'âge et d'origine de la population concernée déterminent, soit le choix des données déjà existantes auxquelles on se réfère, soit l'échantillon sur lequel seront faites des mesures.

La variabilité des dimensions d'une population est telle qu'on ne peut souvent tenir compte des mesures de la totalité des individus. On retient habituellement une valeur d'indice de variation couvrant 90 % de la population et on néglige alors les dimensions des 5 % les plus petits et des 5 % les plus grands.

Dans le dessin d'un poste de travail, on peut s'aider de mannequins plats réduits à l'échelle du plan dessiné et correspondants aux trois groupements de dimensions retenues (dimensions des moyens, dimensions des petits, dimensions des grands). On peut également introduire des mannequins en trois plans lorsqu'on établit une maquette du poste de travail. Mais les contraintes biomécaniques sont représentées de manière très imprécise par ces différents mannequins.

L'analyse du problème détermine le choix des dimensions à utiliser.

L'analyse des exigences du travail permet ensuite de déterminer précisément les dimensions de l'ensemble des éléments du poste.

Une méthode développée par Rebiffé consiste à mettre l'opérateur dans la posture qui satisfasse d'abord l'exigence première et la plus importante : par exemple, les exigences visuelles déterminent la place des yeux par rapport à la tâche. Puis on représente l'emplacement des différents segments en tenant compte de leurs dimensions et de leurs angulations de confort, les uns par rapport aux autres. On détermine alors l'emplacement des structures matérielles du poste de manière à ce qu'une posture confortable puisse être conservée : caractéristiques du siège, emplacement des commandes. Par cette méthode on peut évaluer les types de réglages et leur amplitude qu'il faut introduire dans l'emplacement de ces structures matérielles, du siège en particulier, pour qu'elles correspondent aux tailles variables d'une population définie au préalable.

De nombreuses données existent actuellement pour la conception dimensionnelle des ateliers, des postes de travail, des outils, des machines, des commandes. Dans certains cas bien définis et simples, leur utilisation systématique est possible, dans d'autres cas, les exigences du travail ont des conséquences contradictoires sur le plan dimensionnel : il faut alors, soit changer les caractéristiques du travail, soit faire des compromis souvent difficiles à établir.

Chapitre VII

LES MILIEUX PHYSIQUES AMBIANTS

L'homme vit et travaille dans un environnement qu'on peut caractériser par des mesures physiques : milieu thermique, milieu sonore, milieu lumineux, milieu vibratoire.

Il ne peut conserver l'intégrité de son organisme que si ces milieux physiques ne dépassent pas certaines limites ; et l'ergonomie, dans sa perspective d'hygiène industrielle, s'est attachée à préciser les niveaux dangereux : niveau d'intensité sonore qui entraîne une lésion de l'appareil auditif, températures qui provoquent des lésions locales, des troubles généraux... Les relations entre l'homme et son travail peuvent être perturbées par ces milieux physiques : un bruit élevé qui n'a pas d'incidence sur l'appareil auditif gêne un travail d'attention ; une température de l'air élevée provoque une charge supplémentaire pour un organisme en activité physique ; l'ergonomie s'est alors attachée à déterminer les caractéristiques optimales de ces milieux suivant les types de tâches exécutées. Enfin, le milieu physique est source d'informations pour l'homme au travail : un bruit peut renseigner sur l'état de fonctionnement d'une machine, un éclairage peut déformer, masquer ou faire apparaître un détail d'un objet. L'ergonomie tente alors de définir ces ambiances physiques en tant que sources d'informations ou facteur favorisant la détection d'informations.

Les mesures des ambiances physiques en ergonomie sont interprétées dans ces trois perspectives. Elles préparent alors l'utilisation de technologies qui s'occupent de maîtriser ces ambiances : insonorisation, éclairagisme, climatisation. Le choix des moyens matériels à mettre en œuvre dépend ainsi directement des études ergonomiques préalables.

I. — Milieu thermique

Il existe de nombreux postes de travail soumis à des contraintes thermiques importantes : travail à l'extérieur, en zones climatiques froides ou chaudes, travail dans des locaux non climatisés ou climatisés en fonction d'exigences techniques (textile, alimentation). Leurs effets sur l'homme au travail ne sont pas négligeables. Deux objectifs essentiels sont alors poursuivis par l'ergonomie : définir les limites extrêmes à ne pas dépasser et déterminer les caractéristiques d'une ambiance dite « de confort ».

1. **Thermorégulation de l'organisme.** — A) *Les échanges de chaleur.* — L'organisme est producteur de chaleur et pour se maintenir à une température à peu près constante il doit échanger de la chaleur avec le milieu ambiant. Il le fait suivant quatre modalités :

— par conduction : l'organisme est en contact avec un milieu immobile : les vêtements serrés, les chaussures, les outils ou objets manipulés provoquent des échanges par conduction ;
— par convection : l'organisme est en contact avec un fluide en mouvement : l'air libre, la couche d'air entre les vêtements et la peau, l'eau, participent aux échanges par convection ;
— par radiation : ce sont les échanges par radiations électromagnétiques ; tous les corps émettent et absorbent de l'énergie sous cette forme. La peau humaine a un très fort

pouvoir d'émission et d'absorption dans les zones du spectre des infrarouges ;

— par évaporation : en s'évaporant, l'eau absorbe une certaine quantité d'énergie (580 kcal/l évaporé). La sueur qui ruisselle, qui reste à l'état liquide, ne provoque pratiquement pas de perte de chaleur pour le corps humain ; au contraire, par l'évaporation de la sueur, l'organisme échange une quantité importante de chaleur avec le milieu ambiant.

B) *La thermorégulation.* — L'organisme dispose d'un système de thermorégulation qui lui permet de conserver une température constante de sa partie interne et des centres nerveux, lorsque sa production de chaleur et les conditions d'ambiance varient entre certaines limites. A l'aide d'informations données par des récepteurs, au chaud et au froid, de la peau et très probablement du cerveau et d'un centre régulateur hypothalamique, l'organisme peut, soit augmenter sa production de chaleur pour compenser des pertes trop importantes (milieu froid), soit augmenter ou diminuer ses pertes de chaleur (milieu froid et chaud).

Dans la zone de froid, l'organisme diminue le transport de chaleur des parties profondes à la peau par vaso-constriction dans les territoires périphériques : la peau et les tissus sous-jacents se refroidissent, la température cutanée peut ainsi descendre à 28° ; il augmente sa production de chaleur par des contractions musculaires, soit volontaires, soit réflexes (frissons thermiques). Dans la zone de chaud, l'organisme accélère le transport de chaleur des parties profondes vers la peau, par accroissement de débit sanguin et vaso-dilatation des vaisseaux périphériques. Il accroît ses échanges de chaleur avec le milieu ambiant par augmentation de la sudation.

En zone tempérée, le simple jeu de la vaso-dilatation ou de la vaso-constriction périphérique suffit à maintenir la température du noyau constante, en modifiant les conditions d'échanges par convection et conduction entre la peau et le milieu ambiant.

2. Limites des activités en ambiance chaude. — Le travail physique augmente la production de chaleur de l'organisme ; en ambiance chaude la déperdition de chaleur est limitée, l'organisme doit alors satisfaire des besoins accrus d'irrigation sanguine dans les territoires musculaires actifs, mais aussi dans la peau et les tissus sous-jacents. Les effets cardio-circulatoires sont plus précoces et plus importants qu'au repos lorsque l'ambiance thermique s'élève. La sudation est augmentée mais elle n'est efficace que si la sueur peut s'évaporer (condition liée à la température, au degré d'humidité et à la vitesse de l'air).

On constate dans le travail physique à la chaleur : une augmentation du débit sanguin et donc de la fréquence cardiaque, une augmentation de la sudation et donc de la perte de poids (celle-ci pou-

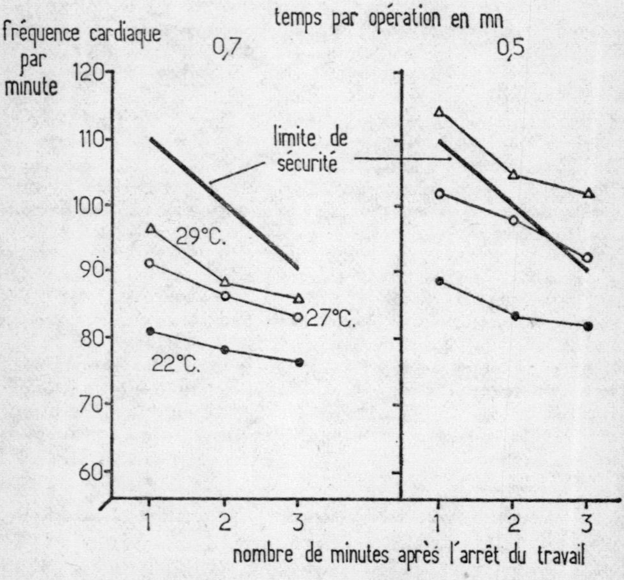

Fig. 12. — Courbes de récupération cardiaque après un même travail effectué à deux cadences différentes dans trois conditions de température effective (d'après Brouha L., 1963).

vant atteindre 5 à 6 % du poids du corps lorsque les conditions sont extrêmes) et de sel, une augmentation de la température de la peau qui tend à être égale à celle des parties internes et une augmentation de la température centrale. Aussi, la capacité de travail musculaire est diminuée, le rendement décroît, l'activité mentale est perturbée : trouble de coordinations sensori-motrices, temps de décision allongé, vigilance abaissée.

Les limites tolérables, sans risque grave d'accident pour l'organisme, sont fonction de l'état de la personne : de sa santé, de son âge, de son acclimatement. Celles actuellement admises par différents auteurs, pour des personnes en bonne santé, peuvent être définies par des valeurs maximales :

— de sudation : 1 kg/h, pas plus de 5 l par jour ;
— de température rectale : augmentation maximale, 1,2 °C ;
— de fréquence cardiaque : 35 à 40 pulsations au-dessus du niveau de repos en ambiance tempérée, cinq minutes après l'arrêt du travail (Metz). Au-delà, des accidents peuvent apparaître (coup de chaleur).

3. **Les mesures.** — La mesure des paramètres physiques qui définissent une ambiance thermique permet d'en prévoir les effets sur les travailleurs et de proposer les moyens de les atténuer. La mesure de paramètres physiologiques permet de mesurer la charge réelle pour le travailleur et de contrôler les effets des aménagements sur celle-ci.

A) *Mesure de l'ambiance thermique.* — Quatre paramètres la définissent :

— la température sèche, elle est mesurée à l'aide de thermomètres classiques ;

— la température humide, dont on peut déduire la pression partielle de vapeur d'eau dans l'air ; elle est mesurée à l'aide de psychromètres ou d'hygromètres ;
— la vitesse de l'air, mesurée à l'aide d'anémomètres ;
— la température de rayonnement qui caractérise le flux de chaleur radiante ; elle est mesurée à l'aide de thermomètres à globe noir ou de stéradiomètres.

Des cartes d'ambiance thermique sont établies par des mesures à différents endroits du lieu de travail. Les modifications dans le temps sont contrôlées par des mesures successives.

B) *Mesure de la charge thermique.* — La mesure de la fréquence cardiaque rend compte de manière cumulée de la charge physique et de la charge thermique. On peut séparer ces deux effets en pratiquant des mesures en ambiance tempérée. Les facteurs interindividuels de variation sont essentiellement : l'âge qui limite la charge de travail physique admissible mais aussi la charge thermique ; le sexe — le système circulatoire du petit bassin et des membres inférieurs de la femme supporte difficilement des augmentations de débit sanguin ; l'état de santé et l'acclimatement : celui-ci est un processus physiologique d'adaptation très important qui accroît la tolérance aux ambiances chaudes. Il se manifeste par une capacité de sudation augmentée (mise en jeu plus précoce, débit plus élevé, durée plus élevée et teneur en sel plus basse), une température centrale et une fréquence cardiaque moins élevées pour des mêmes conditions de travail et d'ambiance. Par une exposition contrôlée et temporaire mais répétée, l'acclimatation progresse rapidement (vingt premiers jours) puis, plus lentement. Mais elle est fragile et se perd en quatre semaines si elle n'est pas entretenue.

4. Les moyens de protection. — Ils se situent à deux niveaux :

— soit utilisation de moyens individuels de protection ou organisation adaptée du travail, si les conditions thermiques ne peuvent être changées ;
— soit changement des conditions thermiques par isolement des sources de chaleur et climatisation.

Dans le premier cas, les moyens de protection individuels sont de nature différente suivant les caractéristiques de l'ambiance :

— combinaison complète pouvant être réfrigérée par circulation d'air, gants et chaussures isolants dans le cas de contact avec des objets chauds. Il est sûr que ces moyens entraînent des gènes et des limitations dans l'exercice du travail, dont il faut tenir compte ;
— organisation du travail avec pauses courtes et répétées (plus nombreuses après le repas de midi du fait de la digestion et en fin de journée de travail), salles de repos climatisées, atténuation de la charge et des cadences de travail, possibilité de boissons abondantes permettant de récupérer l'eau perdue par la sudation.

Dans le deuxième cas la climatisation des locaux tend à rendre l'ambiance « confortable ».

La notion d'ambiance de confort repose sur un critère subjectif; il a été proposé plusieurs échelles de températures qui rendent compte de l'ensemble des caractéristiques physiques d'une ambiance thermique ; il a été ainsi construit une échelle de température sèche résultante (Missenard) en relation avec un modèle physique des échanges du corps humain, une échelle de température opérative (Gogge) en relation avec des critères physiologiques, une échelle de température effective (Yaglov) en relation avec des critères subjectifs de sensation. Les imperfections de ces échelles sont liées à la complexité des phénomènes qui participent à la sensation subjective d'une ambiance : même si ces échelles intègrent plus ou moins les différents paramètres physiques, elles ne peuvent intégrer que très imparfaitement l'ensemble des effets physiologiques et psychologiques.

On peut alors, malgré les imperfections de cette méthode, définir ainsi des ambiances dites « de confort ». Celles-ci varieront d'ailleurs suivant l'intensité du travail physique, mais aussi suivant l'âge et le sexe.

La climatisation tendra donc à amener une ambiance thermique à des valeurs correspondant à ces zones de confort. Cette climatisation pourra s'effectuer soit en jouant sur une des caractéristiques de l'ambiance (vitesse de l'air, humidification de l'air), soit sur l'ensemble. Les moyens mis en œuvre sont variés (différents types de chauffage ou de refroidissement) et parfois entraînent des gênes importantes, tant objectives (bruit d'écoulement d'air ou de ventilateur), que subjectives (sensation de confinement).

Dans ces problèmes de climatisation, l'architecture et les matériaux de construction utilisés jouent un grand rôle. On sait les effets néfastes des grandes surfaces de verre simple qui transmettent les fluctuations thermiques extérieures.

II. — Milieu sonore

La multiplication des sources de bruit et l'augmentation de l'intensité de certaines d'entre elles ont accru de manière importante le niveau de bruit moyen dans les zones urbaines et les lieux de travail.

1. **Le stimulus physique.** — Les phénomènes audibles par l'homme sont des vibrations aériennes ou solides dont la fréquence se situe entre 20 et 20 000 Hz et ayant une intensité minimale correspondant à une pression de 2.10^{-4} µb ou une puissance de 10^{-13} W/cm^2, seuil d'audibilité. Les bruits sont caractérisés par leur intensité globale et leur composition spectrale, c'est-à-dire leur intensité dans chacune des différentes fréquences ou bandes de fréquences qui les composent.

L'intensité est mesurée habituellement en décibels, grandeur logarithmique ; l'origine (zéro décibel) est le seuil d'audibilité donné précédemment.

La hauteur d'un son est définie par sa fréquence (sons graves, moyens ou aigus). Les bruits étant formés de sons de différentes fréquences, l'analyse spectrale décomposera l'ensemble du spectre en bandes plus ou moins larges suivant le degré de précision cherché (habituellement : bandes d'octave ou d'un tiers d'octave, l'octave étant la bande de fréquence comprise entre une fréquence d'origine et le double de cette fréquence).

2. **L'appareil auditif.** — Il se compose d'une partie externe : le pavillon qui aide à localiser la source d'un son, le conduit auditif externe qui protège le tympan et amplifie les sons autour de 3 000 Hz.

Une partie moyenne : la caisse du tympan et la chaîne des osselets, système de transmission des pressions et de transformation d'impédance jusqu'à l'oreille interne. L'oreille moyenne joue également un rôle de protection lors de l'apparition de bruits intenses mais avec un temps de latence de 50 à 150 ms.

Une partie interne, la cochlée, qui renferme les cellules auditives et permet la transformation d'excitation mécanique en signaux nerveux. Les voies nerveuses qui en sont issues aboutissent aux cellules du cortex auditif après plusieurs relais.

Les principaux phénomènes physiologiques à retenir sont :

— la variation du seuil d'audibilité en fonction de la fréquence. Ce seuil s'élève progressivement pour les fréquences au-dessus et au-dessous de 1 000 à 2 000 Hz ;
— la répartition de l'énergie sonore sur les cellules auditives

CONVERSATION	IMPRESSION SUBJECTIVE	dB	TRANSPORTS	INTERIEURS	EXTERIEURS
		140		Turbo réacteur ou banc d'essais, sortie de la tuyère.	
		135			
		130		Marteau-pilon.	
		125	Place du pilote d'avion de combat 500 Km/h.		
Impossible	Bruits supportables pendant un court instant seulement. Destruction de l'oreille.	120	— id — à 400 Km/h.		
		115	Hélicoptère à 80 Km/h.	Coups de marteau sur acier. Tonneau dessableur.	Riveteuse à 10m.
		110	Avion combat 350 Km/h	Moteur d'avion — Atelier de chaudronnerie (ambiance)	
En criant.		105	Métro.	Perforatrice en galerie de mines. Raboteuse	
	Bruits très pénibles à écouter	100	Motocyclette sans silencieux à 2m. — Klacson de route. Wagon de train.	Scie à bois à 1m. Presse à découper Atelier de tissage.	Marteau pneumatique à 3m
		95	Avion de transport à 400 Km/h	Forges	
		85		Atelier de filage du coton Atelier d'ajustage.	
Difficile	Supportables mais bruyants	80	Intérieur d'auto à 100 Km/h	Atelier de tournage Escalier du métro quand il y a affluence Radio pleine puissance.	Circulation intense à 1m
		75		Atelier de dactylographie	
		70	Wagon lits Pullman moderne	Restaurant très bruyant Musique d'orchestre.	Circulation très importante.
A voix forte		65	Automobile		
		60		Grands magasins. Bureau avec dactylographe. Conversation normale.	Rue résidentielle tranquille
	Niveau de bruits courant	55	Bateau à moteur.		
A voix normale		50	Auto silencieuse	Robinet d'eau ouvert à grand débit. Appartement donnant sur rue active, fenêtre ouverte.	Rue très tranquille
		45	Transatlantique 1ère classe	Appartement bruyant	Bruit minimum dans la rue le jour.
	Jugé calme si on est actif	40		Bureau tranquille.	
		35	Bateau à voiles		
		30		Appartement tranquille.	
		25		Conversation à voix basse à 1,5 m.	
A voix chuchotée	Très calme	20		Studio de radiodiffusion	Jardin calme
		15			
		10		Studio d'enregistrement	
		5			
0	Silence inhabituel	0	Seuil d'audibilité	Laboratoire d'acoustique.	

Tableau I. — Exemple de niveaux de bruits

en fonction de la hauteur du son. Pour les sons graves, l'énergie est répartie sur l'ensemble de la cochlée, pour les sons aigus l'énergie est localisée dans une zone étroite : aussi, pour une même intensité physique, les sons aigus sont plus dangereux que les sons graves ;

— les limites du système atténuateur de l'oreille moyenne qui a un temps de latence trop long peut jouer efficacement lors de bruits aléatoires et à montée brutale d'intensité. Ces bruits sont donc particulièrement dangereux ;

— les relations entre les voies nerveuses auditives et d'autres centres nerveux qui sont nombreuses : connexions avec les structures dont dépendent la position de la tête, les mouvements des yeux, avec le centre contrôlant le niveau d'éveil, etc.

3. **Effets des bruits sur l'appareil auditif.** — Les bruits peuvent provoquer des lésions définitives de l'appareil auditif — surdité — ou des modifications réversibles — fatigue auditive.

Les bruits seront d'autant plus dangereux qu'ils sont intenses, qu'ils se situent dans les hautes fréquences, qu'ils sont purs, c'est-à-dire que leur spectre est étroit, qu'ils sont inattendus et à pente forte de montée d'intensité, que la durée d'exposition est longue, et que l'âge de celui qui les subit est élevé.

Ainsi, un bruit de 90 dB a moins d'effet s'il s'agit d'un bruit blanc (toutes les fréquences audibles sont représentées et ont une même intensité) ; il peut entraîner certains risques auditifs s'il n'est étalé que sur une octave, mais comporte des dangers importants s'il s'agit d'un son pur.

Un bruit ayant un spectre d'une octave 600-1 200 Hz aura les mêmes effets nocifs qu'un même bruit de 10 dB plus fort mais réparti sur l'octave 75-150 Hz ;

Une durée d'exposition deux fois moindre équivaut à un abaissement d'intensité de 3 dB, c'est-à-dire une diminution de moitié de la puissance. Les risques encourus par l'exposition au bruit sont prévisibles à l'aide de normes I.S.O. établies en tenant compte des principaux facteurs déjà cités.

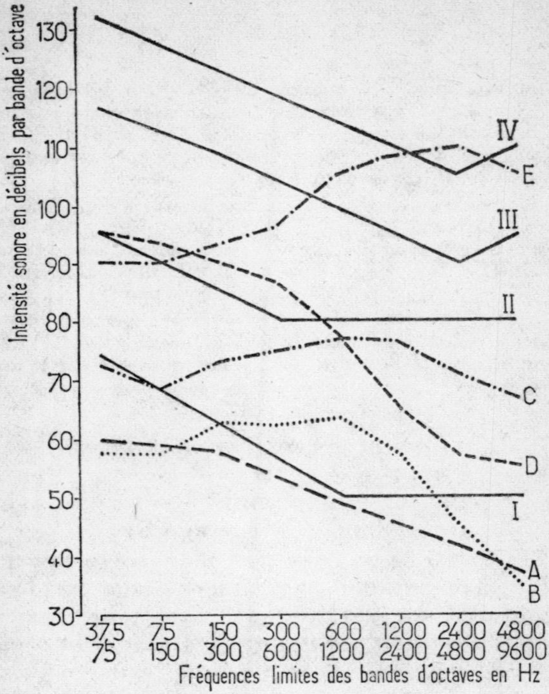

Fig. 13. — Critères de risque de traumatisme sonore

On peut distinguer cinq zones:

— au-dessous de la courbe I, l'ambiance est considérée comme calme ;
— entre les courbes I et II, l'ambiance est bruyante ;
— entre les courbes II et III, le danger de surdité en cas d'exposition prolongée varie de 0 % (courbe II) à 100 % (courbe III) ;
— entre les courbes III et IV, le danger de surdité en cas d'exposition temporaire (1 heure par jour) varie de 25 % (courbe III) à 100 % (courbe IV) ;
— au-dessus de la courbe IV, le danger de surdité existe même en cas d'exposition accidentelle.

Spectre de bruits, exemples :

A – Bureau calme ;
B – Local commercial bruyant mais non dangereux ;
C – Atelier d'usinage très bruyant. Il s'approche de la courbe II vers les hautes fréquences ;
D – Cabine d'avion commercial — Le danger de surdité est faible ;
E – Machine à rétreindre — Le danger de surdité est considérable même en cas d'exposition rare.

La fatigue auditive se marque par une élévation temporaire du seuil d'audition et elle prédomine dans une demie à une octave au-dessus de la limite supérieure du bruit nocif. La surdité se marque par un déficit dans la bande 3 000 à 6 000 Hz (élévation du seuil d'audition) qui s'accentue et s'étend à des fréquences plus basses mais surtout plus élevées. Elle entraîne alors une gêne importante car elle atteint le spectre de la parole (100 à 10 000 Hz).

4. Les effets des bruits sur le travail. — Les bruits non significatifs, c'est-à-dire qui n'ont pas un contenu informatif, peuvent entraîner une gêne, un désagrément ; ces effets sont en relation avec l'intensité du bruit comme l'exprime un indice de gêne, mais d'autres facteurs peuvent jouer : leur caractère inattendu s'il s'agit de bruits brefs, aléatoires dans le temps, qui perturbera une tâche d'attention ; les bruits continus gênent l'exécution de tâches mentales complexes.

Les bruits significatifs (la parole par exemple) interfèrent dans les tâches mentales complexes, mais ils peuvent atténuer les effets de la monotonie dans les tâches simples, répétitives.

Les bruits, enfin, peuvent avoir des conséquences sur la sécurité : masque d'un signal sonore indiquant le mauvais fonctionnement d'une machine, d'un outil, masque ou déformation de la parole empêchant la réception correcte d'ordres ou d'informations.

5. Les moyens de protection. — Le rappel de ces principaux problèmes posés par le bruit montre que les solutions pour aménager l'ambiance sonore ne sont pas univoques. Dans certains cas, il s'agira de protéger l'opérateur des sources de bruits, dans d'autres cas, ou simultanément, il s'agira de renforcer les signaux sonores utiles à l'exécution du travail pour atténuer les incertitudes ou les ambiguïtés dans la réception des informations. Dans tous les cas, se posent au préalable, les problèmes de mesure de bruits et d'analyse des signaux sonores utiles.

A) *La mesure de bruits.* — Les sonomètres mesurent les intensités globales des bruits. Normalisés, ils comportent trois bandes : A, B, C. Les deux premières comportent des filtres qui atténuent surtout les intensités des fréquences basses et un peu celles des fréquences élevées pour faire correspondre cette mesure physique à l'échelle de sensation de l'oreille, la bande C n'entraîne aucune atténuation des pressions sonores.

En effet, pour une égale intensité physique d'un son, la sensation d'intensité est atténuée surtout dans les fréquences graves et légèrement dans les fréquences très aiguës. Aussi, il existe une réelle difficulté à faire correspondre des échelles de stimulus physique à des échelles de sensation. Pour y remédier, on a créé des unités d'intensité correspondant à cette échelle de sensation : les phones, unités logarithmiques, les sones, unités arithmétiques et des abaques pour passer des décibels aux phones et aux sones. Habituellement, on n'utilise les bandes A et B que pour des intensités faibles et moyennes et la bande C pour les intensités fortes. En pratique, pour une même intensité, la différence entre le résultat en bande C et en bande A est d'autant plus grande que les fréquences basses sont importantes.

L'analyse spectrale nécessite la mesure préalable du niveau global de bruit. Elle est faite à l'aide d'un analyseur de fréquences. Suivant le degré de précision exigé, le spectre est découpé en bandes plus ou moins étroites.

Ces mesures permettent d'effectuer des cartes de bruits dans un local de travail, de localiser les sources et de définir leurs caractéristiques. Il faut y ajouter des évaluations d'autres facteurs déjà cités : caractère aléatoire, transitoire, durée d'exposition, âge des personnes exposées, nature du travail, repérage des signaux sonores.

B) *Les diverses solutions.* — Ces mesures permettent d'envisager les moyens à mettre en œuvre pour améliorer l'ambiance sonore ;

— l'urbanisme lorsqu'il s'agit de séparer les zones bruyantes d'autres zones à exigences de calme (habitations, usines, route, chemin de fer, aérodromes) ;
— l'architecture pour isoler les locaux des bruits extérieurs ou pour séparer les ateliers bruyants (les grands halls sont ainsi à proscrire, d'autant plus qu'ils sont habituellement réalisés avec des matériaux réverbérants) ;
— les techniques d'insonorisation pour isoler une source de bruits ou diminuer la transmission des bruits.

Les solutions extrêmes restent le port de moyens individuels de protection (casques, bouchons d'oreilles) dont on connaît les inconvénients — intolérance physique et gêne à la communication — qui entraînent bien souvent leur non-utilisation, ou la rotation aux postes bruyants pour diminuer la durée individuelle d'exposition.

6. **Le bruit, la parole, sources d'information.** — En tant que source d'information, un bruit pose des problèmes à différents niveaux : si on prend comme exemple la parole il faut qu'elle soit entendue, comprise et qu'elle corresponde à une information claire. La détection est un problème acous-

tique, elle dépend des caractéristiques physiques de la source (intensité minimum, absence de masque, état du système auditif de l'opérateur) ; l'intelligibilité pose le problème de la reconnaissance d'une structure sémantique ; elle peut être rendue difficile par un accent peu habituel, par une mauvaise façon de prononcer, par une incompréhension du mot transmis (langue étrangère, code non connu, code des chantiers, des téléphonistes...).

Du fait de leur caractère temporaire, les signaux sonores doivent être le plus souvent possible répétés et renforcés par des signaux visuels.

Cependant, comme ils permettent de transmettre des informations rapidement et peuvent être détectés dans une zone environnante beaucoup plus large que les signaux visuels, ils sont très utilisés. Aussi doit-on particulièrement contrôler les conditions de leur émission et de leur réception ainsi que de leur compréhension.

III. — Milieu lumineux

Le système visuel est un « outil » particulièrement important dans la quête d'informations sur le travail ; il est un moyen privilégié de reconnaissance de l'espace dans lequel l'homme se déplace ; il contrôle de manière permanente et immédiate les actes de l'opérateur et leurs effets sur la tâche et l'environnement. Une des particularités de l'appareil visuel est qu'il est orienté : son champ de perception est étroit, par contre, l'œil est mobile dans la cavité orbitaire et les mouvements de la tête augmentent aussi l'espace balayé ; les informations sont alors prélevées successivement.

Les conditions dans lesquelles sont présentées les informations visuelles déterminent fortement la difficulté du travail. Ces conditions sont nombreuses : aux caractéristiques physiques habituelles — éclairage, dimensions, couleur, relief — il faut ajouter la localisation dans l'espace, en relation avec les stratégies d'exploration visuelle.

1. **La lumière.** — La lumière est la partie des vibrations électromagnétiques à laquelle l'œil humain est sensible : celles-ci sont définies par leur fréquence (4-10 Hz à 8-10 Hz) ou leur longueur d'onde (7 500 à 3 750 A°). La lumière est un phénomène vibratoire, support à un flux discontinu de paquets d'énergie (photons).

A) *Les sources lumineuses*, elles, sont de différentes natures :
- thermiques : soleil, lampe à incandescence — le corps qui constitue la source est porté à haute température et émet des radiations lumineuses ;
- quantiques : l'excitation thermique, électrique ou chimique de certains corps provoque l'émission de lumière (tubes fluorescents).

B) *Les unités de mesure.* — Le flux énergétique est la quantité d'énergie émise par seconde sous forme de rayonnement (unité : le watt). Le flux lumineux est la quantité d'énergie émise par seconde sous forme de rayonnement *visible* (unité : le lumen), le rapport entre ces deux flux définit le rendement d'une source. La lampe à incandescence a un rendement faible (3 % environ).

L'intensité lumineuse est la quantité d'énergie émise sous forme de rayonnement visible par une source, dans une direction donnée (unité : le candela).

Le flux et l'intensité lumineuse caractérisent la source. L'éclairement est le flux lumineux reçu par une surface (unité : le lux $= \frac{1\ lumen}{1\ m^2}$).

L'éclairement dépend de l'intensité lumineuse de la source, de la distance de la source à la surface éclairée et de l'obliquité de cette surface par rapport aux rayons lumineux.

La luminance ou brillance est l'intensité lumineuse émise par une source en fonction de sa surface apparente. Cette source est souvent une source secondaire (réflexion de la lumière) et on définit alors cette luminance par rapport à la luminance d'une surface parfaitement blanche — diffusant totalement les rayons reçus — qui recevrait un éclairement de 1 lux (unités : l'apostilb, le blondel, le nit ou le millillambart).

2. **Le système visuel.** — L'appareil visuel est un système très complexe quant à son fonctionnement : à partir de stimulus physiques identifiables il permet la détection et l'intégration d'un nombre considérable d'informations extrêmement variées : détection et identification d'un objet, de sa forme, de ses dimensions, de sa couleur, de sa place dans l'environnement, de son mouvement dans l'espace. En fait, ce sont les structures nerveuses auxquelles aboutissent les voies optiques et les connexions établies avec les autres structures nerveuses qui forment le support de l'intégration des informations recueillies par l'œil. L'expérience et l'apprentissage sont essentiels dans la phase d'interprétation de ces informations.

A) *L'appareil optique.* — L'œil se compose d'un système optique ; formé de plusieurs milieux transparents (cornée, humeur aqueuse, cristallin, humeur vitrée), il permet une mise au point des images sur la rétine. Les variations d'accommodation, c'est-à-dire de puissance optique, qui rendent possible la vision de près comme de loin, sont produites par des modifications du rayon de courbure du cristallin — la contraction des muscles ciliaires détend la zonula, membrane transparente entourant le cristallin, celui-ci accentue sa forme bombée et augmente sa puissance optique pour la vision de près.

B) *La rétine.* — La rétine est composée de deux types de cellules sensibles : les cônes qui prédominent dans une zone étroite, la fovéa (correspondant à une vision de 1° à 2° d'arc) autour de l'axe optique, et les bâtonnets qui prédominent dans le reste de la rétine. La vision des couleurs et la discrimination visuelle (acuité) sont bien meilleures dans la zone fovéale qu'à la périphérie.

Les cônes et bâtonnets transforment une énergie lumineuse en signaux nerveux. Les voies nerveuses optiques remontent jusqu'au cortex occipital après plusieurs relais. L'étude des différentes structures corticales montre une représentation topographique de la rétine privilégiant fortement la zone fovéale. Par ailleurs, on reconnaît à certaines zones corticales des fonctions de reconnaissance d'angles, de courbes et d'orientation des lignes. On peut donner une idée du degré d'intégration des données visuelles en rappelant qu'on différencie le mouvement d'un objet par rapport à l'œil immobile, du mouvement des yeux par rapport à un objet fixe, alors que la stimulation peut être identique au niveau de la rétine.

3. **L'éclairage.** — Un éclairage correct est la condition première de la prise d'information visuelle. Trois principaux aspects sont à retenir :

A) Le niveau d'éclairement : il est fonction des dimensions des détails à percevoir. Pour une distance de vision de 30 cm, ces dimensions exprimées en unités angulaires vont de 50″ en horlogerie à plusieurs minutes en mécanique et dans le bâtiment. En général plus ce niveau d'éclairement est élevé, plus il favorise la perception. Les valeurs minimum recommandées suivent, en fait, plus l'état économique du pays concerné que les exigences physiologiques.

B) *Le contraste et les luminances.* — Le contraste est le rapport :

$$\frac{\text{luminance de l'élément à percevoir — luminance de fond}}{\text{luminance de l'élément}}$$

Plus il est grand, moins l'éclairement nécessaire est élevé. Ce problème de contraste est particulièrement important. Bien souvent les travailleurs se plaignent d'éclairements trop « forts » ; en fait, ce sont les contrastes qui sont trop violents et provoquent l'éblouissement : des zones très éclairées ou très réfléchissantes voisinent avec des zones sombres.

C) *Le rendu des couleurs et des reliefs.* — Le rendu des couleurs est fonction du spectre d'émission de la source qui éclaire l'objet. Les sources à spectre étroit, comme les lampes à incandescence ou les lampes à vapeur de sodium masquent et déforment les couleurs qui ne correspondent pas à ce spectre. La sensation de relief est en partie liée à l'importance des ombres portées des objets : l'emplacement des sources par rapport à ceux-ci est donc important.

A partir de l'analyse des exigences visuelles du travail, l'éclairagisme définit les types de sources lumineuses, leur intensité et leur emplacement. L'éclairage naturel a l'avantage de conserver les couleurs, il a comme inconvénient d'être variable (saisons, heures de la journée, nuages) et d'introduire des effets thermiques. L'éclairage artificiel est le complément indispensable à l'éclairage naturel, il permet d'en corriger certains défauts. On peut maintenir un éclairement constant et orienter la source de manière à ne pas provoquer d'éblouissement.

4. **Présentation des informations visuelles.** — Les principaux problèmes concernant la présentation des informations visuelles ont déjà été évoqués. Si les règles portant sur leurs caractéristiques physiques sont assez bien connues, celles concernant leur organisation dans l'espace sont encore insuffisantes.

Exploration de l'espace : L'œil est mobile dans la cavité orbitaire : il fonctionne par succession de saccades (mouvements rapides) et de fixations plus ou moins longues (en moyenne 300 à 400 ms). Les fixations tendent en général à faire coïncider l'axe fovéal (région de la rétine qui donne la vision la plus précise) avec le détail à percevoir. Il existe donc un certain « programme » d'exploration qui peut être déterminé, soit par l'appel de stimulus atteignant la zone périphérique de la rétine, soit par la connaissance préalable des zones à inspecter. Les couleurs, les contours, les formes ont une valeur d'appel et ont tendance à provoquer cette fixation fovéale. Mais le plus souvent, l'opérateur sait quelles zones il doit successivement fixer par sa connaissance préalable de la tâche et de l'emplacement des informations utiles : ainsi le conducteur de camion connaît la place habituelle des feux de circulation, des signaux routiers. Aussi cette exploration « planifiée » tend à privilégier des zones de fixations. Celles-ci d'ailleurs évoluent considérablement avec l'apprentissage.

Ce problème de la répartition spatiale des informations visuelles est difficile à traiter en terme d'application. Il faut tendre, soit à respecter les stratégies habituelles, soit à induire progressivement de nouvelles stratégies par une structuration logique de l'espace et des consignes appropriées.

IV. — Les vibrations

Les sources de vibrations de basse fréquence sont nombreuses et ne cessent d'augmenter : engins de transport, de manutention, outils vibrants, machines.

Leurs effets sur l'organisme sont encore mal connus parce qu'ils ne sont pas généralement immédiats. Des données statistiques de différents pays montrent cependant une fréquence importante de troubles vertébraux et digestifs chez les conducteurs d'engins de chantier, de grues, d'hélicoptères. La gêne apportée à l'exécution du travail est importante : les mouvements actifs sont perturbés, l'acuité visuelle est diminuée.

Les fréquences dominantes dans les engins de transport se situent entre 2 et 15 Hz (2-4 Hz et 8-10 Hz pour les camions, 2-4 Hz pour les tracteurs agricoles, 2-3 Hz pour les engins de chantier). Or, c'est dans cette bande qu'on retrouve les fréquences de résonance des différentes masses corporelles lorsqu'on considère le corps humain comme un système de masses suspendues : pour un opérateur assis la fréquence de résonance du thorax est de 4-5 Hz, celle de la tête de 4-6 Hz, celle de l'estomac de 4-5 Hz.

La mesure des vibrations se fait à l'aide de capteurs d'accélération de vitesse ou de déplacement ; de la connaissance d'un de ces paramètres on peut déduire les autres.

Les mesures à différents endroits du dispositif matériel permettent de définir les caractéristiques de la source de vibrations et de déterminer les modifications à apporter ; ainsi, pour un engin de transport, les mesures sont effectuées dans les trois plans de l'espace, sur le plancher et sur le siège affaissé par un poids équivalent à celui du conducteur ; on détermine ainsi la transmissibilité du plancher au siège.

Les mesures sur les masses corporelles du conducteur assis (essentiellement sur le bassin, car de cette mesure on peut déduire les vibrations transmises aux autres masses) permettent d'obtenir les résultats qui seront interprétés en terme de limite de tolérance et de durée maximale d'exposition (normes I.S.O.).

Les moyens de protection à envisager portent d'abord sur des modifications du dispositif : suspension, siège pour les véhicules, de manière à filtrer, atténuer ou déphaser les fréquences les plus dangereuses, dimensions du poste pour éviter les mauvaises postures qui accentuent les effets des vibrations. En second lieu on peut jouer sur une diminution de la durée d'exposition et une sélection, toujours difficile quand il s'agit d'affirmer l'intégrité de la colonne vertébrale de l'opérateur.

Chapitre VIII

TRAVAIL ET TEMPS

L'activité de l'homme est enfermée dans un cadre temporel qui est découpé en éléments de plus en plus séparés et différenciés, de plus en plus courts et rigides : temps de la vie professionnelle, temps de la scolarisation et temps de la retraite ; temps de travail, temps de transport et temps de loisirs. Par une certaine forme de l'organisation du travail, il devient la mesure même de l'activité : temps opératoire, temps de cycle, il caractérise la « productivité » de l'homme, il est la base de la rémunération. Le temps biologique disparaît et l'organisme doit s'adapter à ce cadre temporel imposé. Or, les écarts entre les rythmes physiologiques et psychologiques d'une part, et les contraintes temporelles extérieures d'autre part s'accentuent : le travail de nuit ou en équipe alternante augmente, la quantité et la qualité de travail exigées par unité de temps s'accroissent ; le temps imparti pour une activité est défini de manière de plus en plus « précise » et rigide : rythme imposé par une machine, par une chaîne. Les effets sont graves : intolérance à l'inversion du rythme veille-sommeil avec troubles de sommeil, fatigue physique et fatigue nerveuse du fait de cadences de travail exagérées, rejet des travailleurs ne satisfaisant pas les normes quantitatives de production et tout particulièrement des travailleurs vieillissants (au-delà de 40 ans).

Les cadences de travail qui concernent ce qu'on peut appeler le temps immédiat ont été traités dans des chapitres précédents. La durée et les horaires de travail, mais aussi le vieillissement et l'apprentissage, peuvent être abordés dans le cadre de ces problèmes de temps.

I. — Durée du travail journalier

Sur le seul critère du rendement, de nombreuses études ont montré qu'en général une durée journalière de huit heures par jour d'activité professionnelle constituait un seuil au-delà duquel la qualité ou la quantité de travail s'abaissait. Plusieurs remarques doivent cependant être faites :

— La diminution du rendement est un signe indirect de fatigue, mais surtout ce signe est tardif : en effet, dans de nombreux cas les contraintes économiques (perte d'emploi si la production exigée n'est pas faite) ou techniques (cadences imposées par une machine, une chaîne) empêchent le travailleur de diminuer sa production lorsque la fatigue apparaît.

— A la durée journalière de travail il faut ajouter le temps de transport ; et si on assiste à une certaine réduction générale du temps de travail, on constate parallèlement une augmentation du temps de transport.

— Ce critère de durée de travail n'a de signification que si on connaît le contenu de cette enveloppe temps. Dans quelques secteurs particuliers, la durée de travail est faible (vingt-cinq heures par semaine), mais les cadences exigées sont telles que le temps de récupération nécessaire dépasse largement les huit heures d'activité professionnelle dans des travaux modérés.

Aussi, ce critère de temps est très imparfait pour évaluer la charge réelle de travail.

II. — Les horaires de travail

Depuis quelques dizaines d'années la répartition des horaires de travail dans la journée s'est considérablement modifiée. On assiste en France à l'introduction de ce qu'on nomme la journée continue (horaires normaux de travail, mais interruption courte au milieu de la journée permettant de diminuer le temps passé hors du domicile) et, comme dans tous les pays industriels, à l'augmentation du travail de nuit et du travail en équipe alternante (les termes utilisés sont nombreux : travail en équipe alternante, travail en équipe, travail posté, travail par brigade...).

Aux raisons techniques impératives (industries à fonctionnement continu telles que la chimie, la sidérurgie) s'ajoutent maintenant des raisons économiques (amortissement de plus en plus rapide des investissements) pour imposer à un personnel de plus en plus nombreux des horaires de travail couvrant les vingt-quatre heures du jour.

De nombreuses modalités d'organisation des horaires sont pratiquées : équipes en 2 × 8, en 3 × 8 avec rotation périodique variable, travail de nuit continu, horaires irréguliers dans les transports.

1. **Le rythme circadien.** — Comme tout système vivant, l'activité de l'organisme humain n'est pas constante. Elle suit des variations dont on peut identifier plusieurs périodes : annuelles, mensuelles

ou beaucoup plus courtes mêmes. Cependant, la périodicité qui semble la plus nette et la plus contraignante est celle dont la durée est de vingt-quatre heures. De nombreux travaux récents ont mis en évidence l'importance de ce rythme circadien (*circa* : environ, *dien* : jour) et de sa régularité.

Ces variations périodiques d'activité ont été reconnues pour diverses fonctions de l'organisme :

— la température centrale évolue entre deux valeurs extrêmes (l'une, la plus haute vers 15 h, l'autre, la plus basse vers 3 h). L'amplitude de cette variation peut atteindre 1° ;
— les fonctions cardio-circulatoires et respiratoires évoluent de même au cours des vingt-quatre heures : ralentissement de la fréquence cardiaque, de la fréquence respiratoire, baisse du débit ventilatoire, de la pression artérielle la nuit, et élévation au cours de la journée ;
— les fonctions endocriniennes, activité rénale, sécrétions digestives, suivent des fluctuations périodiques ;
— l'alternance veille-sommeil suit également une périodicité sur vingt-quatre heures.

Le sommeil n'est pas un état stable : il a une double évolution au cours de la nuit : d'une part, il suit une certaine périodicité toutes les quatre-vingt dix minutes : passages par des stades de plus en plus profonds (I, II, III et IV) puis remontée vers les stades de sommeil léger et le stade paradoxal (état particulier qui est caractérisé par un tracé électroencéphalographique du type d'éveil et par un relâchement musculaire complet). Il parcourt ainsi ces différents stades quatre à cinq fois par nuit ; d'autre part, au cours du déroulement du sommeil, les stades atteints sont de moins en moins profonds, mais le stade paradoxal augmente en durée. Ainsi, la durée des stades III et IV est plus importante en début qu'en fin de sommeil, la durée du stade paradoxal suit une évolution inverse.

2. **Effet des perturbations du rythme circadien.** — A) *Résistance des rythmes biologiques.* — Si, dans des situations extrêmes et particulières (par exemple, inversion de rythme veille-sommeil pendant plusieurs semaines ou mois consécutifs, et sans inter-

ruption), on observe parfois une inversion des rythmes d'activité des fonctions de l'organisme, dans la majorité des situations habituelles il n'y a que de faibles variations ; en effet, l'adaptation à une telle inversion n'est pas instantanée et certaines fonctions résistent plus que d'autres : ainsi les variations de la température centrale peuvent s'atténuer en quelques jours, mais l'inversion ne se produit qu'après plusieurs semaines ; les fonctions endocriniennes sont plus résistantes.

Des repos d'une journée ou plus sont accordés périodiquement ; or, dès qu'il y a interruption de l'inversion du rythme veille-sommeil, l'organisme revient rapidement à son rythme normal.

Enfin, il existe une très grande variabilité interindividuelle : certaines personnes, même dans des situations d'inversion prolongées, ne montrent que des atténuations de l'amplitude de ces variations périodiques.

B) *Effets physiologiques.* — La modification du rythme veille-sommeil entraîne des perturbations d'autant plus accentuées, qu'elle se rapproche de l'inversion (le travail en 2 × 8 par exemple, introduit moins de perturbations que le travail en 3 × 8).

Des enquêtes montrent une accentuation des troubles digestifs mineurs dans les populations travaillant en 3 × 8 ou de nuit, mais ce sont les altérations du sommeil qui apparaissent de manière massive : elles sont à rapprocher des troubles nerveux constatés dans ces cas.

Les altérations portent sur la quantité et la qualité du sommeil : la durée est réduite d'autant plus que s'ajoute bien souvent un environnement diurne défavorable ; cette réduction du temps de sommeil atteint surtout les stades profonds et le stade paradoxal. Il se constitue ainsi, pendant la semaine de travail, une « dette » de sommeil. Aussi une période de congé périodique comportant deux nuits entières successives semble nécessaire pour permettre une « récupération » tant quantitative que qualitative.

Il existe une forte variabilité interindividuelle, tant dans la durée moyenne de sommeil que dans la tolérance à cette inversion du rythme veille-sommeil (Kleitmann).

C) *Effets sur le travail.* — Il n'est pas facile de comparer les effets du travail de nuit et ceux du travail de jour sur la production et les accidents. En effet, les situations ne sont pas identiques (rythmes de production, environnement physique et psychologique en particulier, maîtrise et surveillance), et les populations qui occupent les postes en 3 × 8 n'ont pas les mêmes caractéristiques que celles qui travaillent de jour. Il semble cependant que les accidents sont moins nombreux mais plus graves lors du travail de nuit, que l'absentéisme est moins élevé mais qu'il tend à augmenter avec le nombre de semaines successives passées en poste de nuit. Les données expérimentales montrent que la privation de sommeil a peu d'influence sur les travaux à prédominance physique, mais qu'il existe cependant une dégradation des performances lors de travaux à prédominance mentale, surtout si la situation est monotone (poste de surveillance) et la durée du travail longue.

D) *Conséquences psychosociales.* — Le travail de nuit et le travail en 3 × 8 perturbent fortement les relations sociales, tant à l'intérieur de la cellule familiale qu'à l'extérieur. La participation à des activités collectives est rendue très difficile. Plusieurs enquêtes montrent qu'environ 60 % des travailleurs en équipe se plaignent de ces conséquences.

Comme l'écrit Maurice : « Le travail en équipe, surtout s'il s'agit du travail en 3 × 8 en alternance, représente certainement l'une des situations de travail industriel les plus anormales et les plus perturbantes, à la fois pour l'équilibre physique et psychique des travailleurs et pour leur insertion sociale ».

3. **Les moyens de protection.** — Il est sûr que la limitation de l'extension du travail de nuit ou en équipe alternante, sa diminution même est une mesure primordiale.

Les aménagements sont de plusieurs natures :

— l'intolérance à ce type d'horaire de travail est accentuée chez les personnes âgées (au-delà de 40 ans), en mauvaise santé (troubles digestifs et nerveux). Aussi est-il important de ne pas l'imposer à cette partie de la population ;
— les conditions d'alimentation sur les lieux de travail, de logement et de transport doivent être adaptées ;
— la durée de travail doit être réduite et les périodes de récupération allongées (deux nuits successives après la semaine de travail).

Mais les perturbations sur la vie familiale et sociale sont un des facteurs importants à considérer ; les seuls critères ergonomiques ne peuvent apporter que des éléments partiels dans la détermination des systèmes d'alternance et des horaires de changement de poste. Et il est alors nécessaire, tout particulièrement dans ce domaine, de tenir compte des opinions de ceux qui sont directement concernés.

III. — L'apprentissage

L'apprentissage est une situation de travail fréquente. Dans certaines tâches elle est même permanente.

La théorie de l'information permet de décrire l'apprentissage en terme de simplification, réorganisation et diminution des signaux utilisés par l'opérateur.

Dans ce cadre, l'apprentissage consiste :

— A connaître la probabilité d'apparition des signaux : l'opérateur définira ainsi des signaux constants et d'autres variables dans le temps, dans leur localisation spatiale, dans leurs caractéristiques physiques. Il établira également des liens entre signaux successifs : l'apparition de tel signal indique, de manière constante ou non, l'apparition d'un autre signal. La prise d'information s'atténue considérablement étant donné la redondance des deux signaux, cela permet l'anticipation de la réponse. Apprendre

« c'est, en partie, reconnaître les liaisons entre des signaux successifs ; la connaissance de l'arrivée probable ou certaine d'un signal, à partir des précédents, aide à la structuration de l'action et accroît son efficacité » (Leplat). Il s'agira alors de renforcer cette probabilité.

— A différencier les signaux utiles pour décider et agir, des signaux inutiles. La masse d'informations arrivant à l'opérateur qui commence un travail est énorme : ainsi ses yeux vont recevoir un nombre très élevé de stimulations ; et l'apprentissage consistera à trier les informations utiles et nécessaires pour l'exécution du travail. L'application consiste, là, à indiquer et renforcer ces signaux utiles pour les différencier de cette masse de stimulations qui provoque ce qu'on peut appeler « un bruit ».

— A transformer les signaux utiles ou leur organisation. L'exemple le plus clair se trouve dans l'apprentissage de tâches sensori-motrices où on passe progressivement d'informations essentiellement extéroceptives (c'est-à-dire détectées par la vue, l'audition, le toucher, etc.) à des informations intéroceptives (c'est-à-dire détectées par les capteurs internes de l'organisme). Ainsi, l'apprentissage d'un mouvement d'atteinte d'un objet se fait d'abord à l'aide de la vision ; puis, s'il existe une certaine stabilité dans l'espace de l'objet à prendre, l'organisme se forme un programme moteur de mouvements ; les seuls renseignements donnés par l'état de contraction de ses muscles, de l'angulation de ses segments articulaires, lui permettent de l'atteindre sans contrôle visuel. L'application est dans ce cas moins clairement définie, du fait de la difficulté à définir correctement les informations internes utilisées.

Les caractéristiques de l'apprentissage, durée, stratégies utilisées sont très variables. Elles dépendent de la tâche elle-même ; plus elle est complexe, plus cette variabilité est grande. Elles dépendent également de l'opérateur et plus particulièrement de son expérience passée. Aussi les temps et modes d'apprentissage, les vitesses de montées en cadence imposées de manière identique à toute une population, sont défavorables. Ceci explique que cette période est crainte par les ouvriers qui acceptent de nouveaux postes. Elle explique les résistances classiques au changement ; l'ouvrier ne sait s'il pourra apprendre la tâche dans les délais qui lui sont imposés.

Les périodes d'apprentissage sont des moments

privilégiés pour comprendre les mécanismes utilisés pour effectuer la tâche. Leur étude permet de concevoir les méthodes et les moyens d'apprentissage, mais aussi la tâche elle-même.

IV. — Le vieillissement

La contradiction est grande entre un accroissement de la population active âgée et des conditions de travail sévères, en particulier dans la production de masse, qui entraînent dans certains secteurs industriels le rejet des travailleurs atteignant 40 ans et parfois même, un âge plus précoce (30 ans dans l'industrie électronique, 25 ans dans la confection). L'image sociale du travailleur vieillissant est négative comme le montrent les annonces d'offre d'emploi. L'âge est-il un facteur si défavorable qu'il rétrécisse autant la durée de la vie active ?

1. **Les phénomènes physiologiques.** — Les fonctions physiologiques subissent une réduction de leur capacité maximum avec l'âge : certaines, dès la naissance, comme l'acuité auditive, l'amplitude de l'accommodation et la transparence du cristallin, d'autres, après 20 à 25 ans, comme la capacité du travail musculaire. Ce vieillissement physiologique est surtout marqué par une réduction des capacités d'adaptation de ces différentes fonctions à des agressions, à des situations extrêmes. Passage brutal d'une activité moyenne à une activité intense, réduction du sommeil en cas de travail de nuit, passage rapide d'une ambiance chaude à une ambiance froide.

En fait, la variabilité interindividuelle est grande dans ces effets du vieillissement ; les facteurs sociaux d'une part, l'entraînement d'autre part, jouent un rôle important. Ainsi les risques pathologiques, les conditions de la croissance ne sont pas les mêmes suivant les milieux sociaux envisagés ; certains efforts extrêmes et répétés, qui sont exigés dans certaines professions, ne constituent pas une forme d'entraînement adaptée. Aussi le bûcheron des pays nordiques peut-il continuer son métier jusqu'à un âge avancé, le mineur de fond voit ses capacités physiques décroître beaucoup plus rapidement.

2. **Les fonctions psychologiques.** — Dans leur majorité elles subissent également une réduction avec l'âge : les temps de réaction s'allongent et surtout ont une variabilité plus grande, la mémoire immédiate s'atténue, la capacité maximale de traitement d'informations diminue. Aussi les travailleurs âgés ont-ils des difficultés à suivre une cadence élevée, à exécuter un travail dans un temps strict et imposé, à apprendre de nouvelles tâches. Mais la variabilité de cette réduction des fonctions psychologiques est plus grande encore que celle des fonctions physiologiques. L'expérience antérieure, et surtout les connaissances apprises et les méthodes d'acquisition de ces connaissances, pendant la première période de la vie, jouent un rôle important. On peut le montrer par l'influence de la scolarisation, qui, lorsqu'elle est longue, atténue fortement la pente de régression de ces fonctions, et peut même compenser largement les déficits progressifs de quelques fonctions psychologiques.

L'ergonomie apporte alors des éléments de réponse à l'organisation des tâches pour les travailleurs vieillissants. Elle indique d'abord, et en priorité, que le poste de travail peut être conçu de manière à être occupé par des travailleurs de tout âge. Il ne s'agit pas en effet d'isoler les travailleurs vieillissants dans des emplois dits « protégés ». Cependant, dans certaines circonstances, des adaptations doivent être prévues : modalités différenciées et temps d'apprentissage allongés avec l'âge, atténuation ou suppression de certaines contraintes : travail de nuit ou en équipe alternante, travail sous cadence élevée et à rythme imposé.

La relation entre âge et handicap n'est pas inéluctable. Les conditions naturelles de vie antérieures déterminent fortement les courbes d'évolution des fonctions physiologiques ; l'expérience, si elle a pu se développer, compense fortement la régression de quelques fonctions particulières.

Chapitre IX

ERGONOMIE DES SYSTÈMES

I. — Définition

Dans un appareil de production, le poste de travail est un des éléments qui le compose. La tâche attribuée à un opérateur et la manière dont il l'exécute sont dépendantes des autres tâches exécutées en amont ou en aval et des autres opérateurs avec lesquels il est en relation directe lorsqu'il s'agit d'un travail en équipe, ou indirecte lorsqu'il reçoit ou fournit des parties de son travail à d'autres. Ainsi s'est développée progressivement, par l'élargissement de l'ergonomie du poste de travail, une ergonomie des systèmes : elle concerne alors les interactions des différents éléments humains et matériels d'un appareil de production et tente de définir : la répartition des tâches entre opérateurs et outils, machines, les conditions de fonctionnement optima de cet ensemble d'éléments et la charge de travail pour chaque opérateur.

La tâche de chacun des opérateurs est en principe l'origine et l'objectif de l'ergonomie des systèmes ; en fait, elle se rapproche très fortement de l'organisation du travail par dérive naturelle. La situation de l'opérateur n'est plus qu'un des éléments à prendre en compte par rapport à l'objectif du système.

L'aspect multidisciplinaire de l'ergonomie s'accentue ; l'élargissement du champ d'intervention amène à prendre en compte, de manière importante, des données issues de disciplines telles que l'organisation du travail, la technologie industrielle, ou de sciences telles que l'économie, la sociologie et la psychologie sociale.

En fait, il n'y a pas de discontinuité entre l'ergonomie du poste de travail et l'ergonomie des systèmes, et un des points de jonction se situe autour des problèmes socio-techniques qui concernent les relations entre les technologies et les caractéristiques des populations au travail.

II. — Analyse d'un système

L'apport de l'ergonomie se situe dans le domaine des méthodes d'analyse d'un système ; la théorie de l'information et le concept de régulation en donnent les cadres interprétatifs.

On peut ainsi décrire le système en termes d'échanges d'informations et de réponses entre les différents éléments qui le composent. On représente symboliquement les origines et les points d'arrivée des informations, leur importance, leur fréquence, leur chronologie et les actions qui en découlent. On peut alors déceler les insuffisances des informations (quantité, qualité), les séquences non adaptées, les écarts par rapport à un fonctionnement théorique. De nombreux modèles ont été ainsi établis ; chacun d'entre eux doit être adapté à la situation étudiée.

Le fonctionnement d'un atelier, d'une usine, d'un service — comme le dit Faverge — peut s'apparenter au fonctionnement d'un organisme vivant : l'état du système change continuellement, et pour assurer une certaine stabilité de la production (si tel est l'objectif), de nombreux mécanismes de régulation sont nécessaires pour atténuer et éviter les dysfonctionnements, sources de variation de production et d'accidents.

L'analyse d'un système, en ces termes, montre également les fonctions de régulation, de « récupération » comme dit Faverge, effectuées par les opérateurs : celles-ci existent dans pratiquement tous les systèmes et toutes les tâches, même les plus simplifiées. Comme l'ont montré certains auteurs (Teiger, Abbruzi), les chaînes de fabrication ne sortiraient que des produits incomplets ou de mauvaise qualité si les ouvriers exécutaient les seules opérations qui leur sont exigées. Un des résultats de l'analyse des systèmes est la définition des fonctions et des tâches des opérateurs et des machines.

En fait, dans ce problème de la répartition des fonctions, comme l'écrit Chapanis, il faut :

— définir les objectifs du système et les contraintes dans lesquels il fonctionne ;
— analyser les fonctions existantes ou à prévoir ;
— proposer et essayer plusieurs solutions et valider les solutions retenues.

Ce dernier terme pose alors clairement le problème de choix des critères d'optimisation : qualité, quantité de production, accidents, amélioration des conditions de travail, ou diminution des charges de travail.

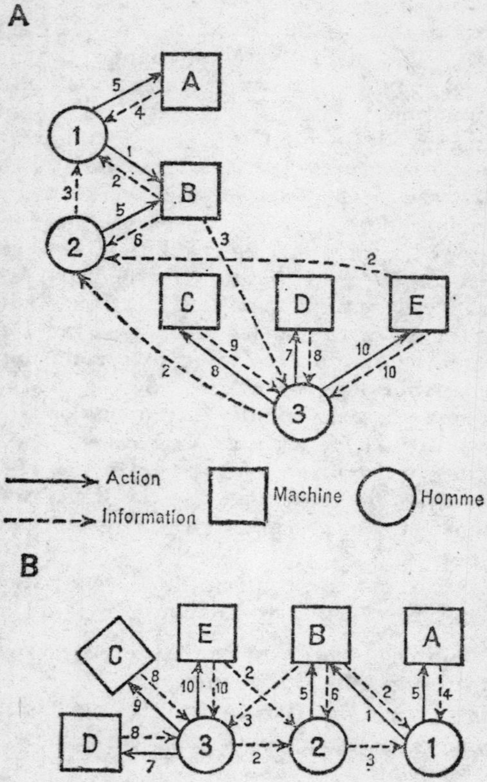

(Les chiffres sont proportionnels à l'importance des liaisons)

Fig. 14. — Schéma d'analyse d'un système : organisation spatiale. A, avant étude ; B, après étude (d'après M. de Montmollin, 1967).

Chapitre X

CHAMPS PARTICULIERS DE L'ERGONOMIE

L'ergonomie a trouvé des champs d'application à des domaines autres que le travail professionnel : ainsi se développent une ergonomie des bâtiments, une ergonomie des transports, une ergonomie du travail ménager.

I. — Ergonomie des bâtiments

L'architecture et la technologie qui en dépend ont comme objectif de construire un cadre matériel dans lequel s'exerceront les activités professionnelles ou extra-professionnelles de personnes.

Que ce soit pour la conception et la réalisation de bâtiments industriels, commerciaux et administratifs, ou de locaux d'habitation, si l'architecte cherche à réaliser une construction adaptée aux activités humaines qui y seront exercées, il doit faire appel aux connaissances en ergonomie. Ses apports touchent essentiellement les espaces de travail et l'environnement physique.

Les dimensions des espaces de travail s'appuient sur l'analyse des activités qui y seront exercées et des populations concernées ; des normes dimensionnelles sont choisies à partir des résultats de cette analyse.

L'organisation des espaces de travail entre eux est liée à la réponse donnée aux problèmes de communication : communications formelles exigées par le travail, communications informelles dépendant des possibilités de relation entre les travailleurs, favorisées par l'organisation de ces espaces de travail et de déplacement.

Le bâtiment est situé dans un environnement qui introduit du bruit, de la lumière, de la chaleur ou du froid. Son implantation, mais aussi son architecture, les matériaux qui le composent font varier les effets de cet environnement extérieur sur le travail et les travailleurs.

Tous ces éléments à prendre en compte ne sont pas des contraintes insurmontables, s'ils sont déterminés dès le stade du projet ; ils ne sont pas obligatoirement en contradiction avec des critères esthétiques.

II. — Ergonomie et transport

Le transport touche de plus en plus de gens. Il fait partie de la vie de travail, soit parce qu'il est en lui-même le travail de certains, soit parce qu'il est nécessaire au travail.

L'ergonomie du passager est d'abord liée au confort : on retrouve là, les problèmes de dimensions des espaces, des sièges, les problèmes de vibrations et d'accélération, les problèmes de climatisation, d'insonorisation. L'ergonomie du conducteur, en plus de ces problèmes, aborde les aspects de prise et de traitement d'information — signalisation entre autres — d'adaptation des commandes.

D'autres contraintes se manifestent de plus en plus fortement, ainsi les horaires de travail : travail de nuit, horaires irréguliers auxquels se surajoute, pour certains, l'adaptation à des changements de fuseaux horaires. Enfin, la sécurité doit être aussi traitée à partir du fonctionnement du conducteur et l'ergonomie apporte là un champ de connaissances important.

III. — Ergonomie et travail ménager

Le travail ménager comporte un certain nombre d'activités quotidiennes répétées, qui s'ajoutent bien souvent à un travail professionnel. On y retrouve les principaux problèmes du travail physique : dimensions des espaces, des lieux de rangement, organisation de ces espaces en fonction des déplacements, de l'isolement des différentes pièces entre elles, poids des charges à transporter, à soulever.

Chapitre XI

MÉTHODES

L'ergonomie est un corps de connaissances scientifiques permettant d'agir sur les conditions de travail. Elle doit donc développer des recherches pour découvrir les lois du travail de l'homme, et des études pour définir les règles applicables à la transformation des conditions de travail.

I. — Les méthodes de recherche

1. La recherche en laboratoire a permis à l'ergonomie de se développer en luttant contre l'empirisme qui régnait encore récemment dans le domaine du travail. Elle a permis, et permet encore, de découvrir certains mécanismes de l'activité de l'homme, et les lois fondamentales sur son fonctionnement tant dans les domaines physiologiques que psychologiques. Ces recherches ont alors les caractéristiques de celles des différentes sciences auxquelles elles se rattachent.

Leur faiblesse peut être attribuée à plusieurs causes :

— l'une qui est liée à la démarche même de la recherche en laboratoire : la simplification de l'activité étudiée et des conditions dans lesquelles elle est exécutée ; celle-ci est nécessaire pour faire apparaître les mécanismes mis en jeu par l'opérateur et en déterminer les effets ;

— l'autre, qui est liée à une méconnaissance des situations réelles de travail ou à des difficultés de réalisation : ainsi la vitesse et la durée du travail ne sont pas des variables secondaires. Or, la situation de laboratoire est par essence de durée très courte par rapport à la vie de travail et ne peut en reconstituer les diverses contraintes temporelles.

La population expérimentale (étudiants, militaires du contingent) est bien souvent distincte de la population qui exécute ou exécutera le travail.

2. La recherche sur le terrain présente l'avantage de respecter le plus possible la situation réelle de travail. Elle n'est pas déformante, elle respecte également les caractéristiques de durée, de variabilité de la situation, de diversité de la population si des précautions méthodologiques sont prises. Elle tient compte de l'ensemble des facteurs qui influent sur les relations de l'homme avec le travail. Mais cet avantage est également un inconvénient majeur pour faire apparaître de manière claire les relations exactes de l'influence de tel ou tel de ces facteurs sur le fonctionnement de l'opérateur.

3. La recherche en ergonomie peut cependant se développer par une dialectique entre la situation réelle et la situation de laboratoire. Ainsi, dans le cadre limité d'un même sujet de recherche, les observations et les mesures sur le terrain permettent d'élaborer des modèles de fonctionnement que des situations expérimentales vérifieront ; les divergences entre les résultats prévus en laboratoire et les faits observés sur le terrain corrigeront le modèle : la recherche en ergonomie fonctionne alors en « boucle fermée » (Wisner).

II. — Les méthodes d'application

Tout autres sont les problèmes posés au praticien de l'ergonomie. Si le chercheur peut limiter son champ d'études, celui qui pratique l'ergonomie doit considérer l'ensemble des éléments qui constituent la situation de travail qu'on lui demande de modifier.

L'ergonomiste ne peut isoler chacun des nombreux éléments composant le système homme-travail et appliquer alors les règles établies. Il doit faire apparaître les interactions de ces éléments entre eux. Sur un plan plus général, comme l'écrivent des ergonomistes soviétiques (Zinchenko, Leontjev, Lomov), « pour résoudre les problèmes posés par une situation réelle de travail, il est nécessaire de savoir, non pas les caractéristiques fonctionnelles séparées de la perception, de la pensée et de l'action de l'homme au travail, mais son activité dans un tout, et de prendre en considération tous les facteurs dont dépend l'activité de travail ». Mais il se heurte alors à la pauvreté des connaissances actuelles sur ces interactions.

L'autre difficulté est de limiter le champ de son intervention. La situation de travail est un lieu de rencontre de problèmes physiologiques et psychologiques, mais aussi sociaux, économiques et techniques. Bien que les choix politiques soient en amont des solutions qui seront décidées, l'ergonomiste, devant une situation où ces aspects économiques, techniques ou sociaux apparaissent prédominants, sera alors tenté d'élargir son domaine d'activité pour devenir plus efficace.

« Il faut que l'ergonomiste, écrit Wisner, situe son action au seuil des structures techniques, économiques et sociales qu'il aura identifiées, étudiées, mais sur lesquelles il ne cherchera pas à agir directement afin de donner une pleine efficacité à son action propre. »

Il est difficile pour l'ergonomiste engagé dans la pratique, de suivre une ligne identique d'action, quelles que soient les

circonstances auxquelles il sera confronté. Conception ou correction. Objets industriels. Outils, poste de travail, ensemble de production ; spécialiste intégré dans une entreprise et aux différents services qui la composent (personnel, méthodes, service commercial, recherche...) ou extérieur et appelé pour une recherche, un avis, un diagnostic... par une direction, des syndicats, les situations et les buts de son apport sont divers, les contraintes auxquelles il peut être soumis, les exigences qui lui sont imposées également. Il dispose d'un cadre conceptuel et de connaissances plus ou moins applicables. Les méthodes d'approche du problème posé et les solutions à proposer doivent conserver un caractère scientifique, mais leur choix, à un certain niveau, ne lui appartient pas.

Le diagnostic est une phase essentielle de l'intervention. Il comporte plusieurs étapes :

1. **Analyse du cadre technique, économique, social et politique.** — La connaissance de l'évolution des techniques utilisées dans le secteur de l'intervention évitera de faire des erreurs grossières : introduction dans un délai court de nouveaux processus de fabrication, changement radical ou progressif de l'objet fabriqué.

Les problèmes économiques se posent de différentes manières, suivant les directions d'entreprises et les types d'activités : les investissements pour l'aménagement de postes de pilotage d'avion seront souvent moins limités que ceux pour l'amélioration d'un poste de conduite d'engin de manutention.

Les facteurs sociologiques apparaissent de façon plus ou moins claire : exigences des travailleurs pour une amélioration des conditions de travail, nettement formulées, et grèves les appuyant, ou bien absentéisme, rotation de personnel, difficulté d'embauche pour certains postes.

Les informations qu'il est ainsi nécessaire de rechercher auprès de différentes sources (direction et services des entreprises, syndicats ouvriers) situeront le cadre dans lequel l'intervention ergonomique est faite, ses contraintes et ses limites.

2. **Analyse de la demande.** — Elle consiste essentiellement à situer le groupe qui fait appel à l'ergonomie (direction d'une entreprise, service du personnel, service des méthodes, service d'études de nouvelles fabrications, syndicat ouvrier, groupe de consommateur, inspecteur du travail...) à connaître ses objectifs pour exprimer cette demande en terme ergonomique. Ainsi elle peut être posée en terme de sélection du personnel alors qu'elle devra être exprimée en terme de changement des exigences du poste ou en termes de formation appropriée.

3. **Analyse ergonomique de problème.** — Elle est fonction du moment de l'action ergonomique :

— Il s'agit de modifier un système de production déjà existant : il faut donc établir un diagnostic précis, et d'objectiver à l'aide de moyens d'études systématiques, d'une part les causes de dysfonctionnement dans l'ensemble du système Homme-Tâche, d'autre part les éléments critiques de la charge de travail. Le choix des différentes méthodes de mesure et d'analyse du travail sera fonction de la situation étudiée. Leur description, partielle, en a été faite dans les chapitres précédents. Il faut cependant souligner que l'étude doit être orientée de manière à faire apparaître les anomalies des moyens matériels, des consignes, de la formation, des rendements exigés ; il s'agit bien d'adapter ces moyens de travail au fonctionnement des opérateurs qui ont un âge, un sexe, un état de santé, une formation, une expérience, des conditions de transport, de vie données, variables de l'un à l'autre.

— Il s'agit de concevoir un nouveau système de production : il faut alors d'une part introduire les données ergonomiques déjà existantes aux différentes étapes de la conception, en raisonnant souvent par analogie ou proximité par rapport à des situations déjà existantes ; il est utile souvent d'expérimenter, même modestement, avec maquettes, simulation sans nier les limites de ce type d'approche.

Dans tous les cas il est important de tenter de valider le changement, la nouvelle situation de travail, du fait que la pratique introduit nécessairement des compromis entre exigences économiques, techniques et humaines ; l'évaluation des effets de ce changement, de cette nouvelle situation de travail sur les opérateurs est utile et permet parfois de corriger des erreurs toujours possibles. Les critères de validation, en ergonomie, sont le niveau de charge de travail, les accidents, les atteintes à la santé physique et mentale, le développement des capacités, des compétences des opérateurs.

4. Le rôle des travailleurs dans la pratique ergonomique. — Il est essentiel car il ne s'agit pas de perpétuer les erreurs de la division du travail qui sépare la conception de l'exécution. Le travailleur a une connaissance de sa situation de travail, de ses anomalies, des risques qu'elle peut provoquer sur sa santé. Cette connaissance est établie sur l'expérience qu'il a de l'exécution de sa tâche. Le travailleur a une représentation opératoire de la tâche qui lui est assignée, des moyens matériels qui lui sont attribués pour la réaliser. Le travailleur a la possibilité de reconstituer les activités mentales qu'il met en jeu, activités non observables par un « étranger ».

Donc l'ergonomie, tant dans les thèmes de

recherche qu'elle suscite que dans son application ne peut s'exercer sans cet apport des travailleurs. Pour qu'il se réalise, plusieurs conditions sont indispensables :

— que l'objectif de l'étude ne soit pas en opposition avec les intérêts des travailleurs ;
— que cette connaissance puisse être recueillie de manière systématique et non déformée par l'ergonomiste. Il ne s'agit pas de faire des enquêtes d'opinion ;
— qu'une formation, même succincte, puisse être faite simultanément aux travailleurs pour qu'ils puissent mieux analyser leur propre connaissance sur la situation de travail, contrôler les interprétations des résultats, vérifier les effets des aménagements introduits.

CONCLUSIONS

Le travail physique disparaît ; l'automatisation des systèmes de production réduira bientôt la charge de travail ; la durée du travail diminue. Voilà quelques images classiques, répétées, et qui deviennent admises par ceux qui dirigent. Ceux qui exécutent en sont moins sûrs : les heures de travail sont denses, les cadences sont élevées, la parcellisation du travail s'étend (constructions, banques, assurances, administrations) ; l'automatisation ne supprime pas tous les postes pénibles physiquement, le travail de nuit ou en équipe alternante touche de plus en plus de personnes, les temps de transports ne diminuent pas.

Certaines conditions de travail changent, d'autres demeurent : l'ergonomie est-elle une réponse à ces problèmes anciens, mais persistants, ou nouveaux ? Elle apporte des connaissances, elle n'est qu'un outil pour des projets politiques. Privilégier la situation de l'homme au travail, organiser et utiliser la technique à partir du travailleur ou bien, seulement augmenter sa productivité, son « rendement ».

Les recherches dans cette discipline, le choix de ses méthodes comme celui de ses thèmes, ses applications, sont directement dépendants de ces projets politiques.

BIBLIOGRAPHIE SOMMAIRE

PRINCIPALES REVUES

Le Travail humain (semestriel), Presses Universitaires de France.
Ergonomics (six numéros par an), Taylor et Francis Ltd.
Applied Ergonomics (trimestriel). I.P.E. Science and Technology Press Ltd.
Human Factors (six numéros par an), The John Hopkins University Press.

PRINCIPAUX MANUELS

J. SCHERRER et coll., *Physiologie du Travail (Ergonomie)*, 2 tomes, Masson édit., 1981
E. GRANDJEAN, *Précis d'ergonomie*, Dunod édit., 1968.
K. F. H. MURRELL, *Ergonomics*, Chapman & Hall édit., 1965.
A. WISNER, *Physiologie du travail et ergonomie*, Cours, Lab. de Physiologie du Travail et Ergonomie du Conservatoire national des Arts et Métiers édit., 1973, 3e éd.

TECHNOLOGIE

W. E. WOODSON, *L'adaptation de la machine à l'homme*, Les Editions d'Organisation, 1956.
E. J. McCORMICK, *Human Factors Engineering*, McGraw-Hill Book Company, 1970.

THÈMES SPÉCIFIQUES

AVISEM, *Techniques d'amélioration des conditions de travail dans l'industrie*, Hommes et Techniques édit., 1977.
L. BROUHA, *Physiologie et industrie*, Gauthier-Villars, 1963.
J. LEPLAT et X. CUNY, *Introduction à la psychologie du travail*, Presses Universitaires de France édit., 1977.
M. de MONTMOLLIN, *Les systèmes hommes-machines*, Presses Universitaires de France édit., 1967.
— *L'analyse du travail préalable à la formation*, Armand Colin édit., 1974.

TABLE DES MATIÈRES

Imprimé en France, à Vendôme
Imprimerie des Presses Universitaires de France
1981 — N° 27 439